NATURKUNDEN

探索未知的世界

10^{25} 米

10 亿光年

10^{22} 米

100 万光年

3

10^8 米

10 万千米

10^5 米

100 千米

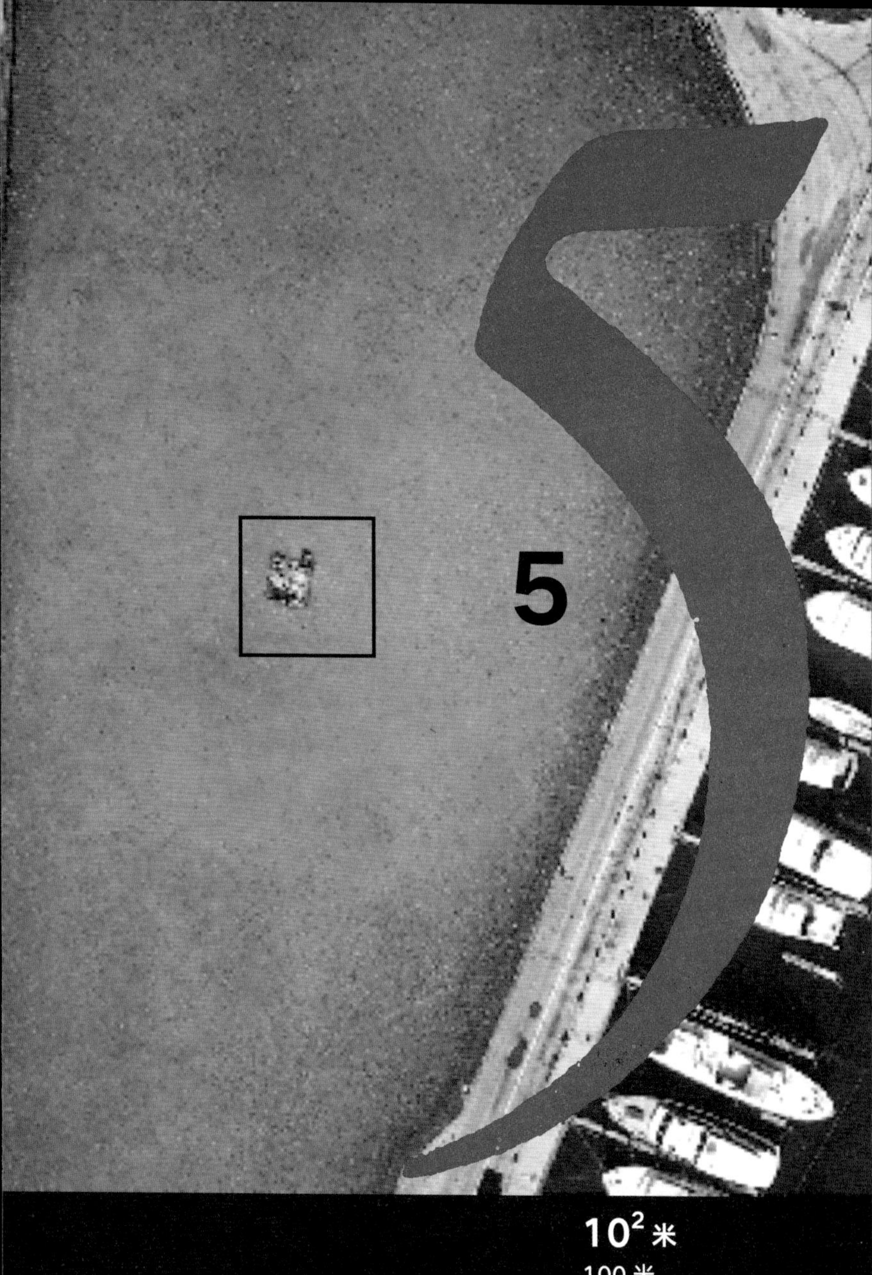
5
10² 米
100 米

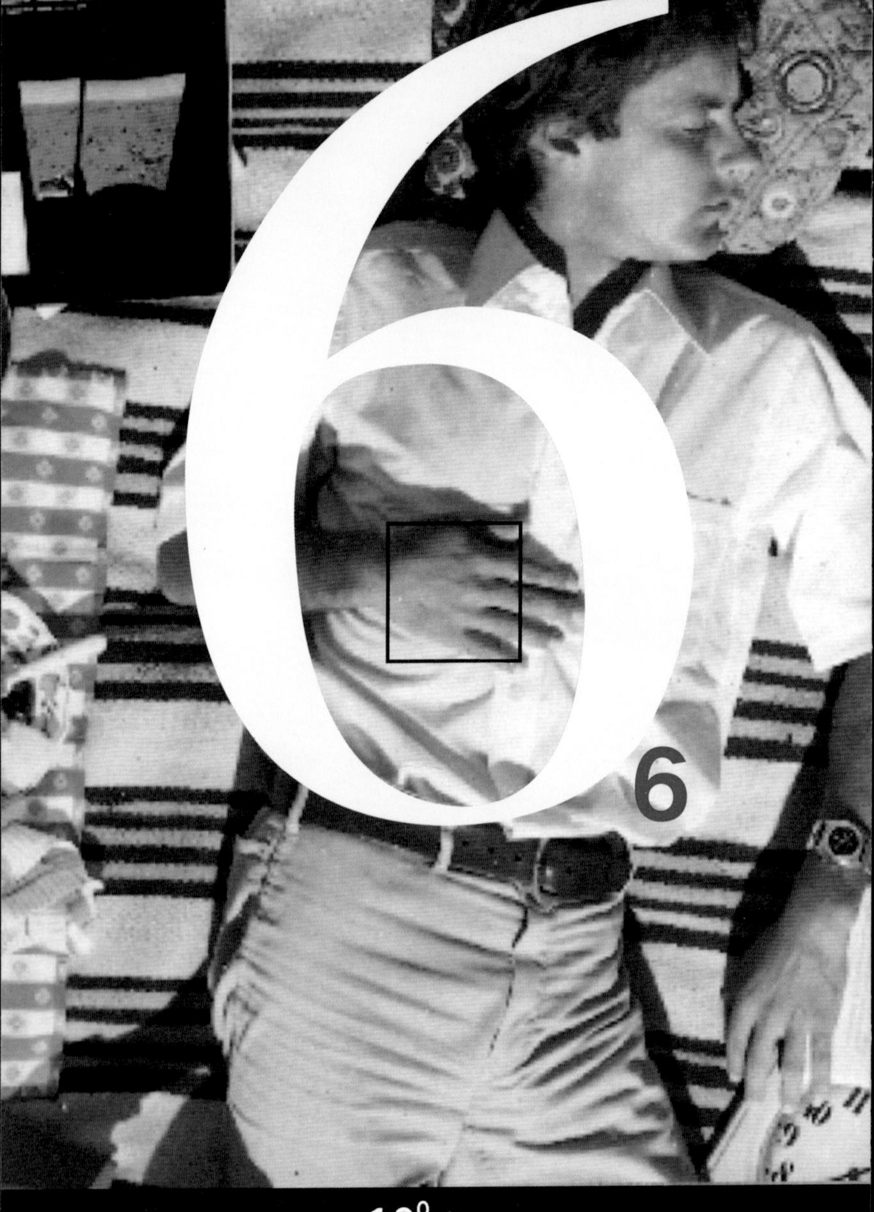

10^{0} 米

1 米

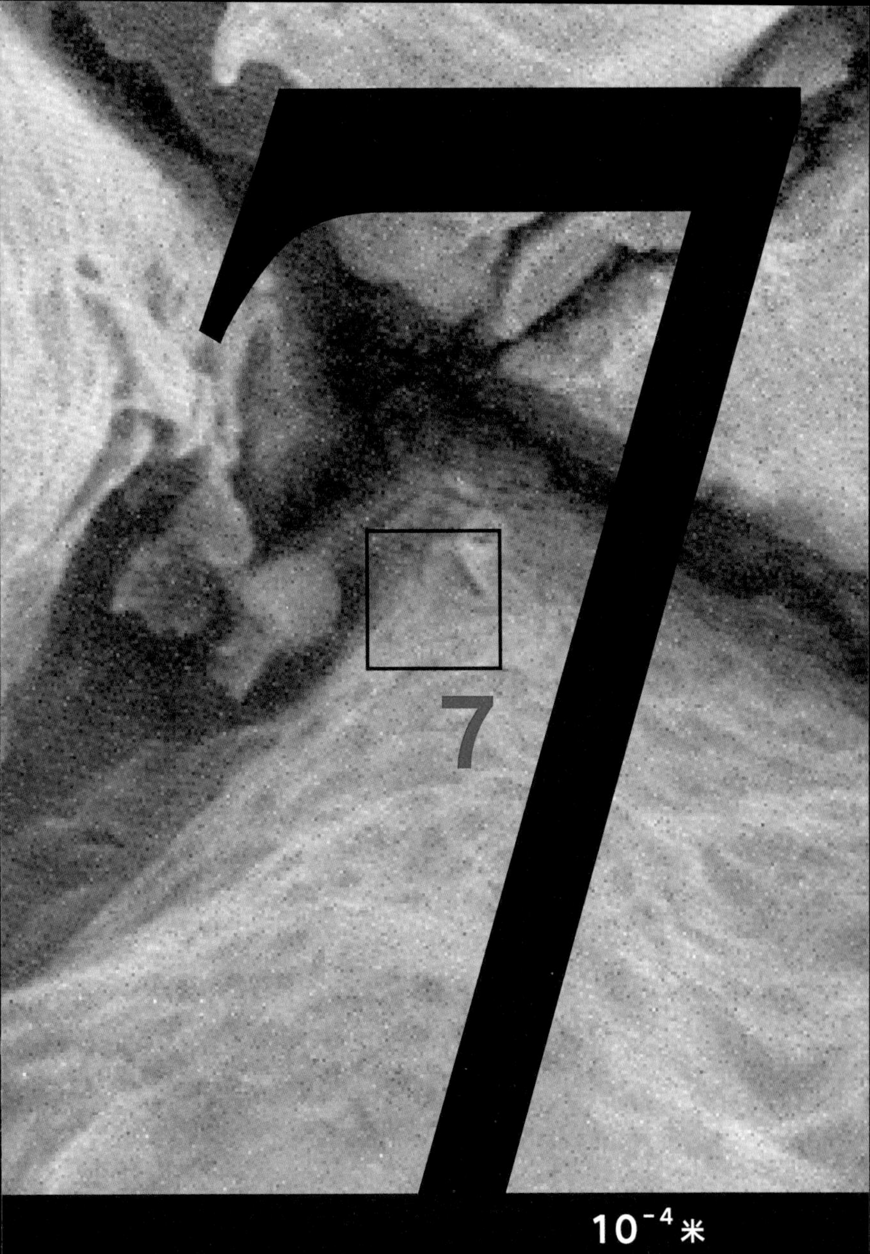

10^{-4} 米

0.1 毫米 =100 微米

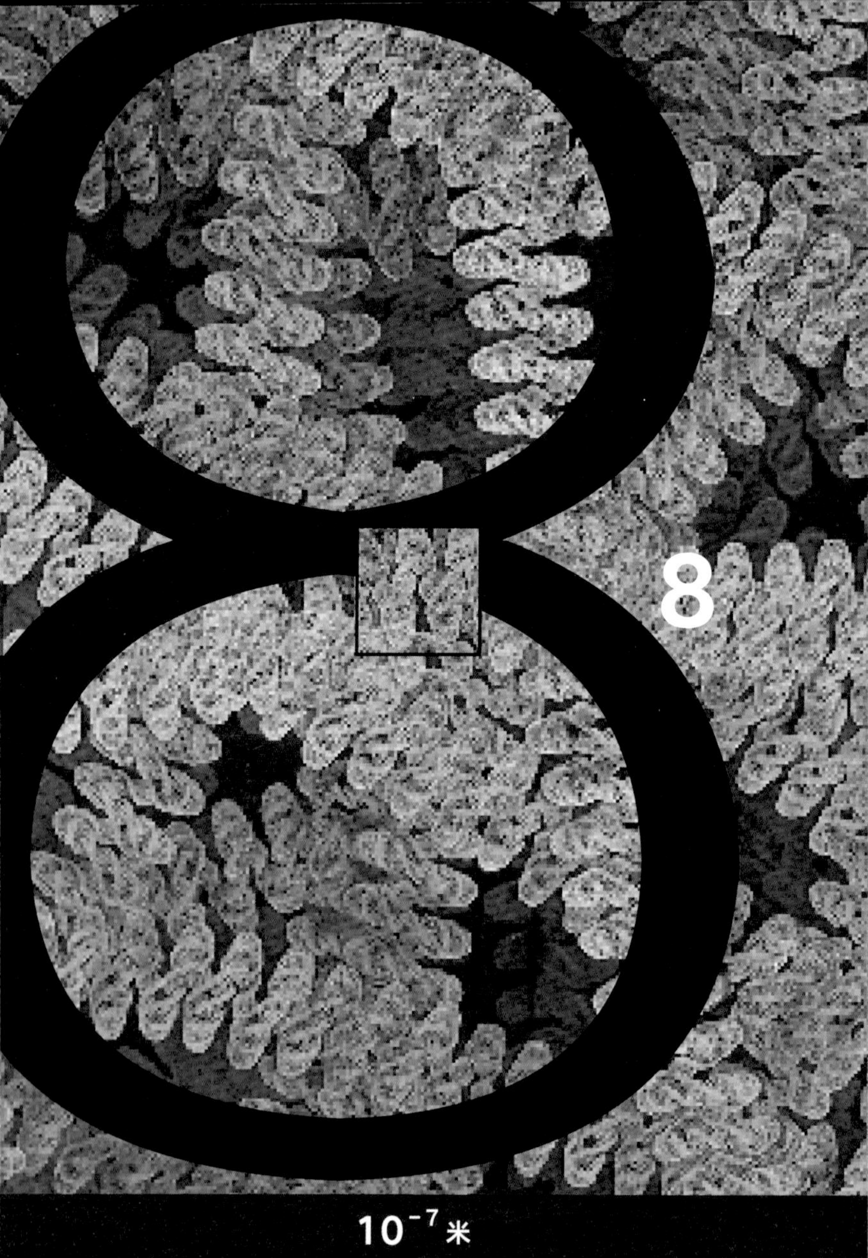

10^{-7} 米

0.1 微米 =1000 埃

10^{-9}米

10 埃 =1 毫微米

人类史，

即数的历史；

文明史，

即命数法的历史。

数的王国

世界共通的语言

[法] 德尼·盖之 著

雷淑芬 译

北京出版集团

北京出版社

目　录

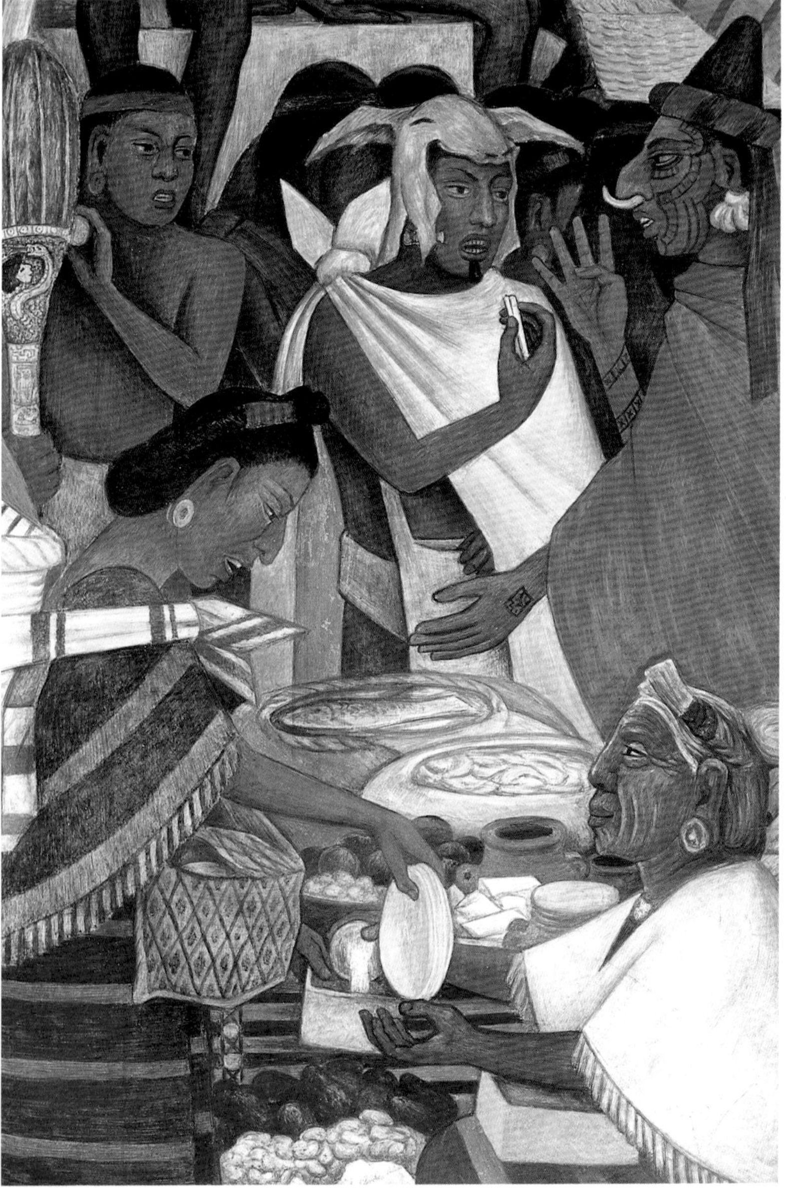

人类花费数千年时间将"量"变成"数"。数的概念如今对我们来说并不难懂，但却是经过漫长思考的结果。我们该如何计数呢？必须视每件事物为独一无二的单位。一边了解事物独特的存在，一边排除它们特殊的差异。

第一章
量的表达

"如果你看出这是一只手，那么我们同意你其他的看法。"

奥地利裔英国哲学家维特根斯坦

《论确定性》(*De la certitude*)

数概念：相似与不同

从数的角度看世界，其方式十分独特：所有的对象都既相同，又相异。数的观念，基于把世界分成两类：相似的和不同的。我们计数的事物，本质相似，但又不同——因为它们是不一样的。如果它们没有区分,那么世上就只有单一对象。

把一堆各式各样的东西混在一起，它们是一个整体，那它们共有多少？我们必须看到它们的存在，其存在方式是相同的，没有一个有别于其他东西。与此同时，也明确它们每一件都有区别，但不必去管其中差异的细节。一旦这个原则建立，我们就可以计算了。

要计算一群麋鹿，你必须压抑自己去辨识每一只的欲

1963 年，美国波普艺术大师安迪·沃霍尔（Andy Warhol）为好莱坞演员伊丽莎白·泰勒（Liz Tayler）画了 10 个几乎一模一样的肖像。相同事物的复制——无性生殖，一直困惑着人类。当艺术触及此主题时，就不是在重复中，而是在相似的差异中寻找灵感。

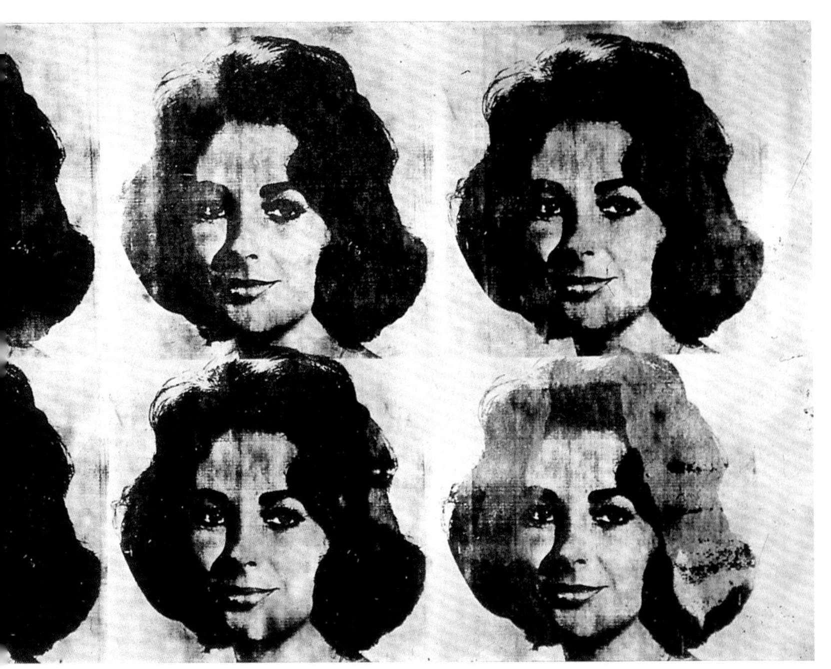

望——公的或母的，是幼鹿或半成年或已成年——同时却又了然于心：它们每一只都跟别只不同，一群麋鹿就是比一只要多。

数学上，$\{a, a, a, a, a, a, a, a, a, a\}$ 集合并非 10 个元素的组合，而是只有 1 个元素的组合。事实上，属于本范围的对象只有一个，就是 a。因此，集合的定义为 $\{a, a, a, a, a, a, a, a, a, a\}=\{a\}$。如果集合中有 x 及 y，而 $x=y$，则此集合称为单元集（singleton）。

眼睛不足处，手指力量大

眼睛能辨识很多东西，能察觉脸部的特征、轮廓，风景的特性，并将之传送到记忆中，然而涉及数目时，就显现其不足之处了。

每个人都体验过要靠一瞥就算出 5 个以上物体的困难性。如果把手指头切下来堆在桌上，你很难光靠一眼，便得知是否掉了一只。

人们无法直接借由视觉得到正确的量，于是发明了数。利用数，便可以计算。而为了记录量，我们做了记号，并且给记号命名，再记住此命名。

如何记住数量？

人类文化中最早有数字记号，始于旧石器时代（Paléolithique）。当时的人类学习把数字保留下来，就跟学习保留并使用火一般。通常人们都喜欢就地取材，利用骨头。当然也有一些地方使用木头。然而由于天气及湿度的关系，骨头的保存性较佳。

假设有一堆物体——动物、人类或其他东西。如果不晓得它们的数目，要如何记得总共有多少呢？方法就是为每件东西做记号，通常是个刻痕。于是一件东西，一个记号！这显然是世上最古老的计数方法之一。我们甚至发现了将近3万年前的“计数骨”。

值得注意的是，在许多早期文化中，“多”的概念要比“一”的概念出现得早。对应人类和数的传统关系，人类生活也由多元至单一，由多神教至一神论。在宗教史上，在一神论出现前，神通常是多数的。

刻痕的做法在人类历史初期就有了。下图是旧石器时代（约公元前15000年）刻有切痕的鹿角。刻纹是一种信用合约：相同的两块都被保存下来，一块交给卖方，另一块交由买方。当交易必须赊欠时，卖方将这两块并列，再切割代表交易数量的连续条纹。这无法作弊：买方不能少刻，卖方也不得增加刻痕。法国小说家让·焦诺（Jean Giono，1895—1970）在其著作《蓝皮让》（*Jean le Bleu*）中提到“刀子在木头上刻了一个简单凹口，我们便付了好几公斤面粉”。

以身体表示数

除了将骨头、木头及石头当成记录的装置以外，人类还利用自己的身体作为记忆数量的工具。当然这指的不是在身

.lxxx.
C.
.cc.
.ccc.
.cccc.

上画记号，而是身体的每个部位都分配了一个数。不单是手指用来记数，也用上了耳朵、手臂、双腿、躯干、头，还有每一个指掌间关节、手指关节。有很多文明也因此发展出复杂的数字人体图，并有一整套手势语法，主要是把手指头摆出不同的姿势——伸直、弯曲、蜷起等。

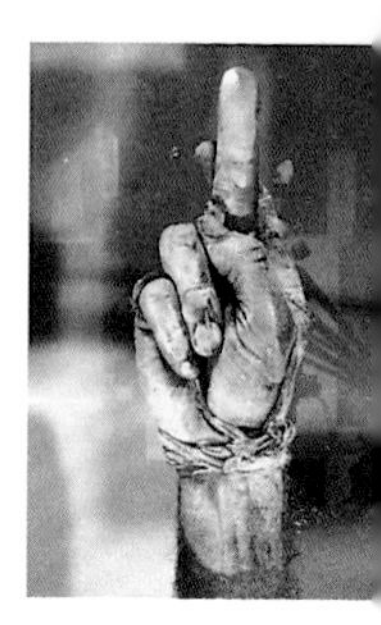

这种以手指头运算的方法，称为手指计算（calcul digital），有时可以算至非常大的数目。中国在 16 世纪时便发展出一套方法，计算者单凭双手，就可算出超过十亿的数！

这种计算方式加上记忆力，便有可能记得身体某特定部位

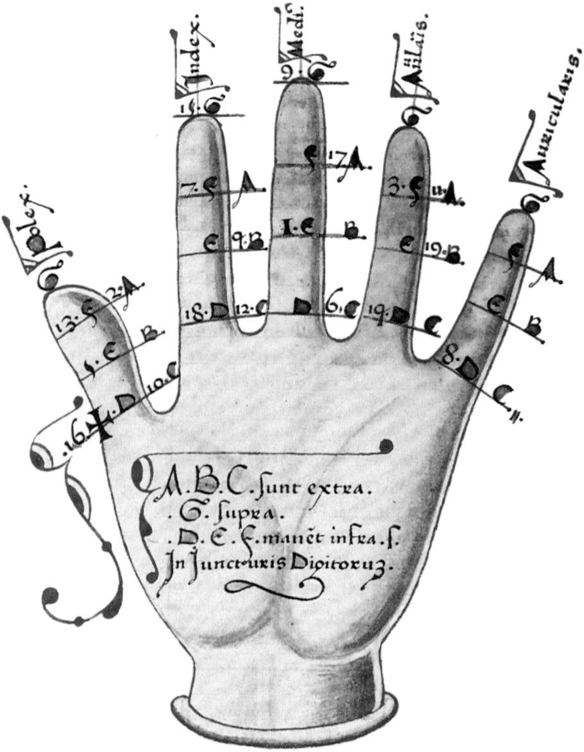

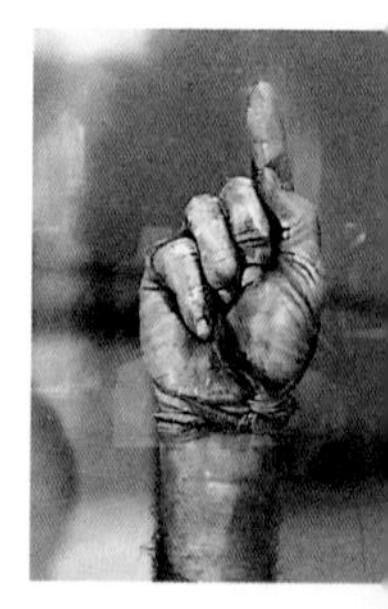

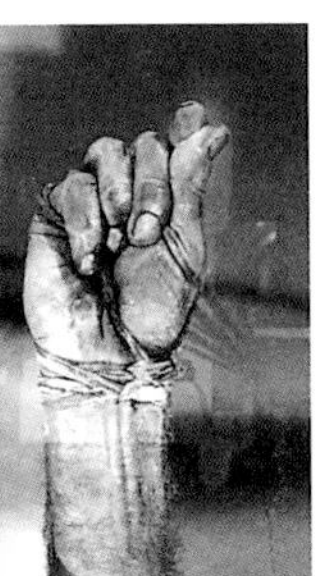
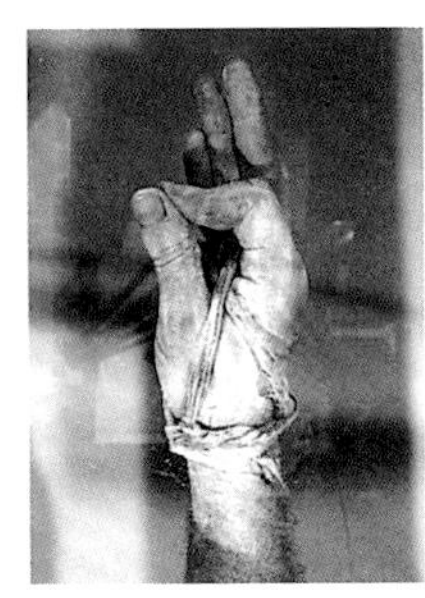
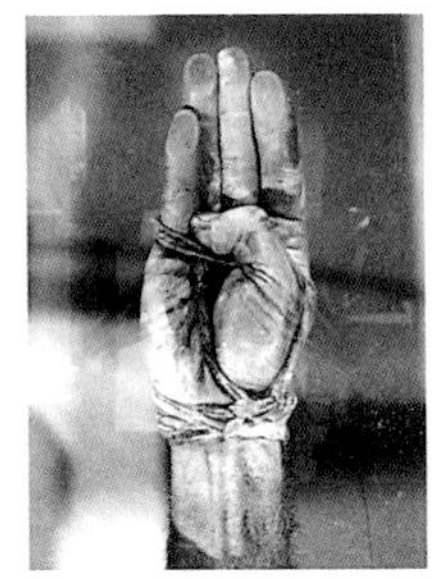
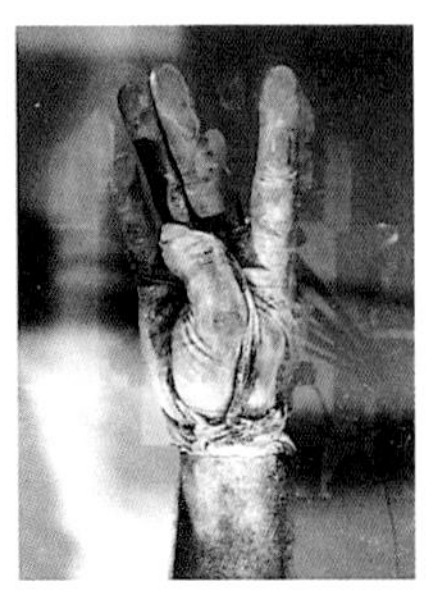

代表某特定数，如同科学史家乔治·伊弗拉（Georges Ifrah）在《数字世界史》（*l'Histoire universelle des chiffres*）中提到的一样。然而没有双腿、双臂或双手的人，要如何计算呢？小偷被惩罚而砍断一只手，便永远无法计算赃物的价值了。

8 世纪时，英国修士贝德（Bède）写了一本关于手指计算（5 页）的著作：人类利用左手手指代表个位数及十位数，右手指代表百位数及千位数，手的其他位置配合身体的某些部位代表万及十万。当书面计算传入西方时，15 世纪仍有以手指推算的手稿出版（左页）。非洲现今还是有某些民族［本页是马塞人（Massaï）］使用手指计算。

自然顺序

虽然数与实物紧密相连，代表着量，但自然顺序却是纯概念的，跟实体的自然世界毫不相关。“二”指鹰的一对翅膀，“四”指羚羊的脚，而“一”则指人类的一张嘴，然而二、四、一这些数本身，彼此却毫不相关。既然没有关联性，为什么要照某个特定的次序排列呢？为什么“二”是在“四”之前？撇开事物特定的量，数本身的纯抽象观念必然存在，接下来我们才能理解数的顺序。

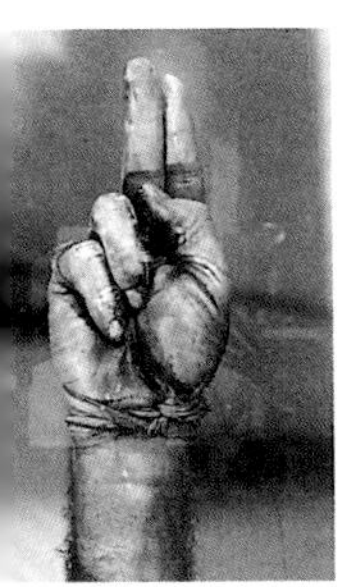
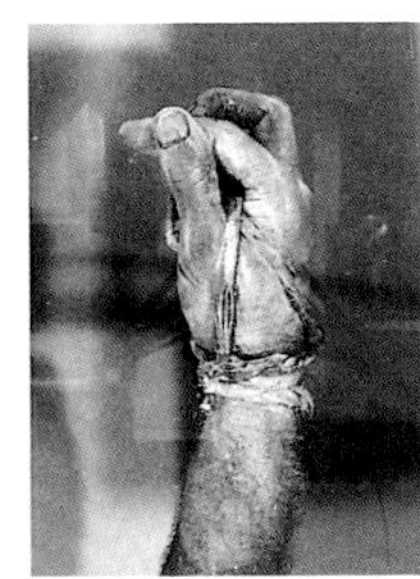
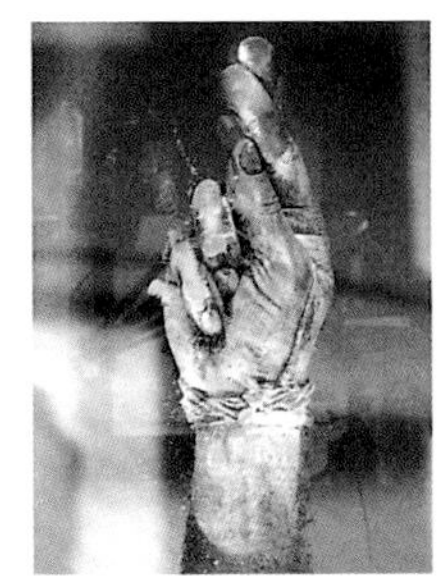
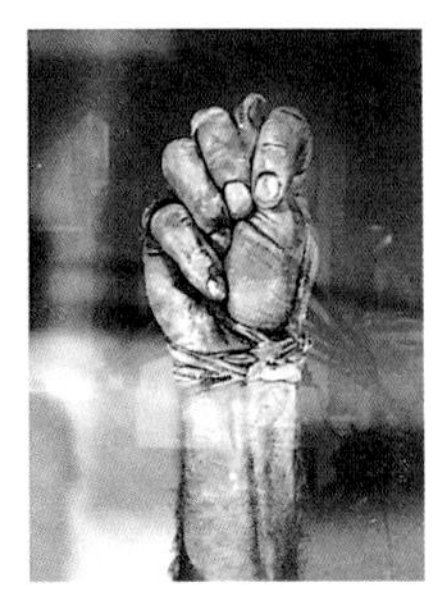

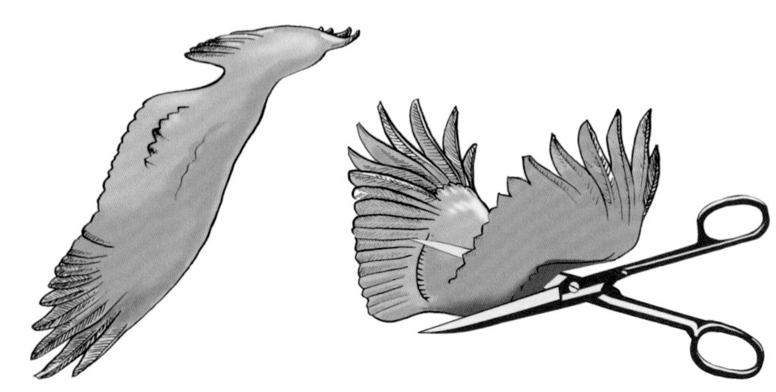

我们对顺序知道什么？可举出以下几个特色：

▲数是一个接一个，连成单排；

▲一个数之后一定会再有一个数；

▲如果已知一个数，把它加上1，便知道下一个数；

▲它们会愈来愈大；

▲它们一个接着一个，没有止境；

▲没有最后一个数，却有第一个数；

▲它们都是有先后顺序的；

▲它们形成了顺序的原型。要将一连串的物体按次序排列，就指定它们标准的顺序：第一、第二、第三等。

序列的概念，或许源自于古代以手指计数的动作，因为手指计数的形态有一种自然的顺序。值得注意的是，人类的手指不像脚踏车轮辐般呈放射对称状。想象一只圆形的手，放射状的手指头自

2

两只翅膀在天空翱翔。一把剪刀靠近将这两只翅膀剪断分开。这些有重量的翅膀于是掉落地上，但我们想象天空还是有两只翅膀在翱翔。抽象数的情况就是这样产生，从“……的数量”进展为数的概念。

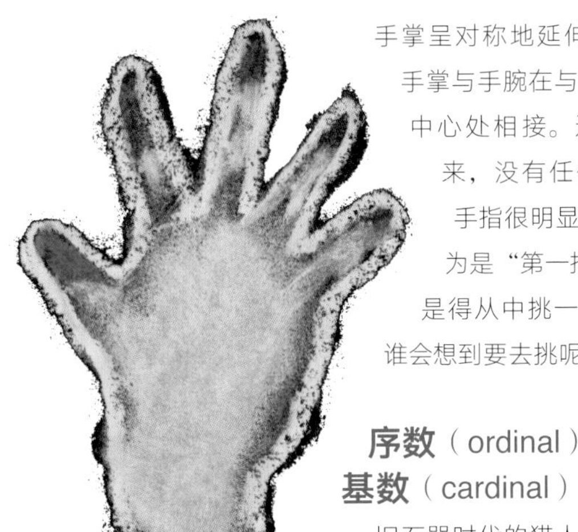

手掌呈对称地延伸出去，手掌与手腕在与手背的中心处相接。这么一来，没有任何一个手指很明显会被认为是“第一指”，而是得从中挑一个。但谁会想到要去挑呢？

想象有一只放射状的手，与手背的中央相连接。它有五根手指头，但是全都一样，对称且呈圆形。算算看！可是要从哪根开始呢？如果这就是人的手，那么构建了丰饶的数的宝库的序数－基数关系又是会是怎样？

序数（ordinal）与基数（cardinal）

旧石器时代的猎人为了要记录自己猎捕了四头野牛，所以必须要计数——也就是说，把它们都检查过：第一头、第二头、第三头、第四头。因为会用掉第四根手指，且到此为止，因此就是四头野牛。这个计数的动作，同时告诉我们数量与序列这两个不可分离的角色。评估数量时，此数称为基数；评估顺序时，此数称为序数。序数就如同链子的环节一般；而基数则被视为纯粹的数量。基数是用来测量，而序数是用来排顺序的。

动物也会计算吗？

动物心里有数的概念吗？不同种类动物的数字能力如何？它们是否都能够辨认或记住数量？它们能分辨出数量的细微差异吗？野兽是否和人类一样有辨别数量的能力？还是只有人类才有使用数的天赋？

我们知道，数是抽象思维的产物，因此，这些

20纪初，一匹叫汉斯（Hans）的马（下图）以会计算闻名，它以踏马蹄来计算分数的加法。几年后，我们发现马是靠驯兽师的示意来回答的！于是开启了研究动物计数能力的科学新纪元。

问题的答案就非常重要了。

有些动物似乎也能发展出某种程度的数感。例如有种胡蜂就能辨认“五”及“十”的不同，也知道雄卵与雌卵的差异。把卵产在巢房内之后，它会把恰好十只毛虫放在有一个雌卵的巢房内，而在每个雄卵的巢房则各放进五只毛虫。（编按：毛虫是作为孵化幼蜂的食物，而一般公的幼蜂比较小。）有些非洲黑猩猩也能从排成一列的不同物体中，指出位于中间的物体。在一个针对寒鸦的个案研究中，寒鸦在面对一排碗并接收到四的信号之后，能够指出置放于第四个位

置的碗。一只大斑啄木鸟曾被教导接收数字命令的要求：敲1下给1个开心果，敲2下给1只蟋蟀，敲3下给1只米虫，敲2+2下给1只蜉蝣，敲2+2+3下给1只小蝗虫。而这只啄木鸟的回应都正确。

“许多鸟类拥有数感：一个有四个蛋的鸟巢，你可以从中取走一个而不被发现。但是如果你取走两个，鸟儿通常会放弃此巢；我们不知道鸟儿是如何分辨二和三的。”

这一切证明什么？这些动物懂得计算吗？不，要懂得计算，就必须能做任何级别的计数才行。目前，尚未有哪种动物有此种表现。人类仍会是唯一可说“我计算，故我存在”的物种吗？

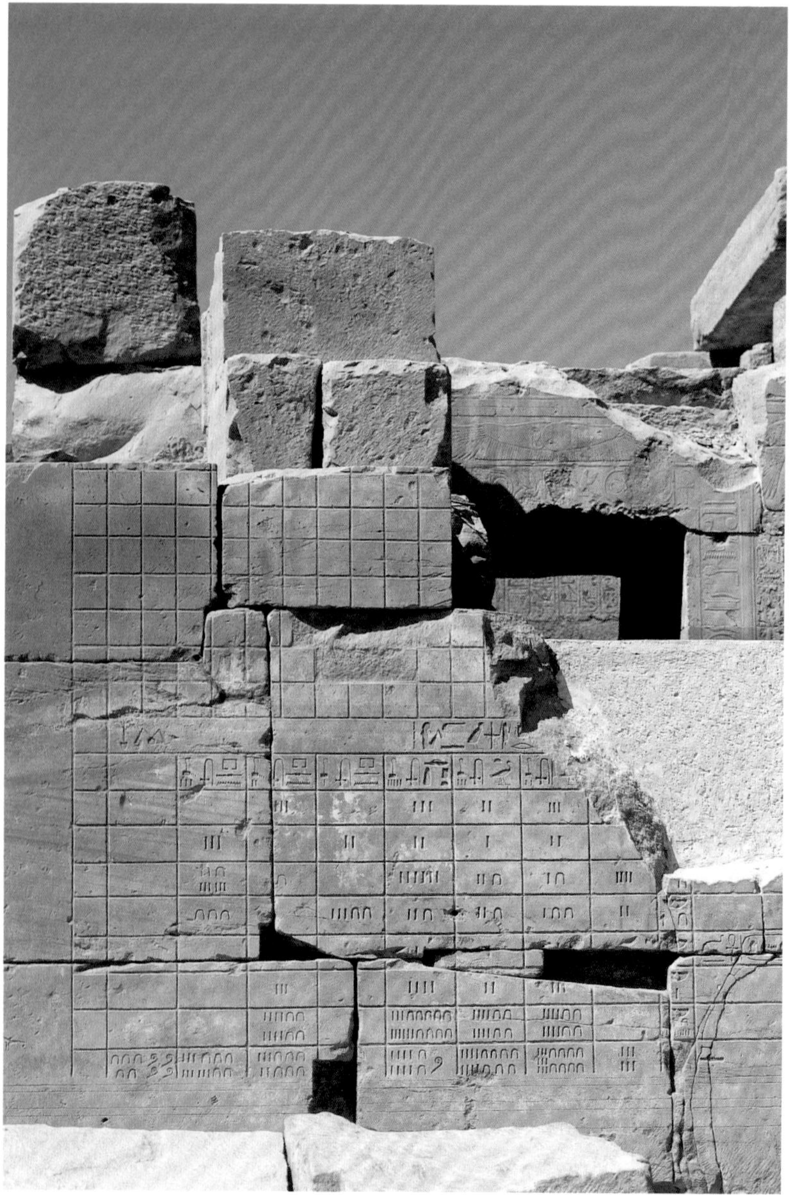

如何建立一个与数本身势均力敌、又能代表数的系统，而且能通行各地？一旦一个新数产生，此系统能否立即给它一个“名字”？又是什么样的系统适合命名新数？

第二章
从数到数字

从遗迹上的石块到衣服布料，所有物品都被用来保存记录数。右图这件衣服及左页古埃及石墙上的都是数字吗？都是书写上去的数目吗？数字与数有何差别？我们应该说是三个数的数字，还是三个数字的数呢？

人类，命数法的创造者

对于数量，有的人只想有个大致的架构，也就是说，他们只需要几个数就够了：“一”“二”“三”“一些”。而其他想要弄清较大数量的人，就创造了极为重要的丰碑——命数法（numérations）。

命数法是一种表达数的系统。数的世界在人类的才智领域中具有独一无二的特性。它同时运用三重系统：视觉的、口语的，以及书写的，据此，分别运用了图像（或符号）命数法、口语命数法及书写命数法。看数、讲述数、书写数，都是命数法的任务。

命数法的首要功能是表达个别的数，因此也负担了第二个功能：计算。要单纯表达数而不计算是可能的，但却不可能光是计算而不表达数，即使是心算都不可能。最概略的命数法是把数表达出来；这就是口语命数法的情况，它并没有任何计算能力。我们无法计算“十”这个数。一直要到5世纪，印度发明了位置命数法（numération indienne de position），其中包括0的发明，计算功能才被图像命数法专任。

图像命数法是具体的记录法，

有些地方现在仍使用珠算盘。上图是在阿富汗的数学课。

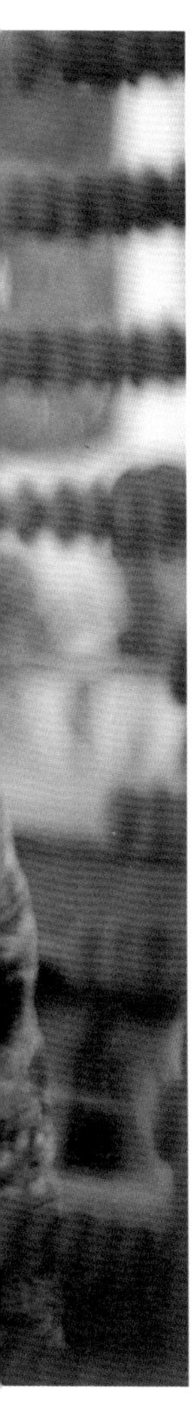

由一些符号的系统所组成，并且建立在“永久性”的基础上。口语命数法则是一些字，给每一个数一个名字。而写成文字时，这些字就变成“一”“二”“百”“千”等。书写命数法则是利用现有的符号或新符号来表达数。

使用珠算盘除了要技巧熟练外，还需要一双灵巧的手。这技巧透过带有美感及效率的复杂手势完成，通常伴随着珠子的响声。我们还常常忆起珠子碰撞在木架上的声音呢！在计算的艺术上，自书面计算出现后，肢体参与计算便逐渐消失了。

图像命数法

每个数都以一个实体符号表示，可能是位于某个物体表面的一组记号，就如同旧石

器时代计数骨或其他物体上所见的刻痕一般。不论这些物质是天然的或人工的，是小石子、珍珠、贝壳、小木棍、绳结或筹码等。

上图这个古希腊的酒坛上，描绘向波斯王大流士（Darius）的献贡都登录在算板上，这是古代常用的计算法。

在这些命数法中，最简单的是局限在一个静态位置的系统；最复杂的则须巧妙移动物件的位置。各种材料形式都被开发用来计

算：石头、计算表、沙板、算板、珠算盘等。

另外，也有利用细短绳打结的方法，此法早在公元前5世纪波斯大流士时代就已经存在了，人们在细绳上打结做记号来计数、演算。到了13世纪，印加人（Incas）则更进一步，创造quipu，即计数绳。绳子被分成数段，不同段所做的记号表示不同等级的数量：个位、十位，百位。看每一级的数是多少，就如数在绳上打上几个绳结，以做记录。这个方法仰赖位置命数法，使人们得以进行复杂、具体的计算，且更有效率。

一位印加记账师利用横绳及垂直细线来结绳记事。这些资料的意思表现在结的形状、绳的长度及细线的位置与颜色上。

“大流士在布条上打60个结，召唤爱奥尼亚（ioniennes）各城暴君：‘拿好这块布条，遵守我的指令：从你们看到我进斯基泰（Scythie，黑海沿岸）开始，每天解开一个结。若我未在约定时候出现，如果消逝的日子与未解开的结一样多，那么上船回去吧。’”

希罗多德

《调查研究》第四卷

（*Enquêtes*, IV）

小石子，数字结构之基石

在基本的命名配对上，每颗小石子所配予的值都是“1”。用这种方式来计算，就表示我们要处理无数堆石头，难以掌握。因此，后来有人想到利用石头的不同形状、不同颜色、不同大小，这样每颗小石子都可取代一堆石头。如此，也就建立不同类小石子所代表之值的共识，并在这些石头中建立

一种等级关系。或许基本原则就这样诞生，所有的命数法都建构在这些基本原则之上。

除了天然石头之外，也有少数地区如美索不达米亚，就比较喜欢利用人工处理过的石头，最常用的是黏土。从公元前 4 世纪中叶起，我们就可以发现这些苏美尔人的 calculi（拉丁文 calculus 是石头），意即“黏土石”。这些各式各样形状的石头，锥形、小的、大的（穿孔的或没穿孔的）、球形（穿孔的或没穿孔的）、圆珠形等，皆给予苏美尔计算文字最初的记录。

小石子是形状各异的黏土石，代表苏美尔人命数法的某些数字，底数是 60。小锥形值 1，珠形值 10，大锥形值 60，穿孔的大锥形值 3600，穿孔的球形值 36000。左页是一个签约时放小石子的球，体形最大，有凹洞，不是用来计算，只用在社交方面。当记载着一定数目的合约签订时，与此数目相当的小石子便被放置于有凹槽的此球内。接着封闭此球以保存合约。代表封在球内的小石子的凹痕便记录在此球的表面，当我们想知道球内的记录时，就不用将它打碎。

当下的计算

这些设计都有一个很大的缺失：它们无法保留以前的记录；尤其是计算的每个阶段，都把之前的阶段删除了。如果发现当中有错误的话，要如何追溯源头？要如何验算？得整

个从头算一遍！因为这些计算技术都是不可逆的，它们只能用在当下，没有记忆，局限在计算的那一刻。

因此，一方面，这些图像命数法提供了冻结在某一刻的记号或物体；另一方面，计算者得到了计算结果，却失去了运算的过程。即一方面是非功能性的记号，一方面是短暂的运算。

后来有所改进，就是在某物表面上写下每个阶段的计算过程。这样可以从任何一点重新阅读，也有了永久性，可以事后查阅。至于中国人在 2 世纪发明的纸张，则不必高估其对计算的重要性。

在下图的埃及葬礼中，四位工人被六位誊写员（scribes）监视着。第一位工人测量谷物，然后将它倒给另一个人。第二位计算及记录。帝国需要会计师。坐在最高那堆谷物上的誊写员是主管，用手指指挥，将结果口述给他对面的誊写员。这些结果都会记录在小木条上，接着记到草纸上做成法老的档案。

口语命数法

口语命数法是一种命名数的系统。“mille et un”和“thousand one”，都是口语命数法的表达方式，只不过前者是法文，而后者是以英文表示罢了，然而书写命数法的“1001”，则是利用位置命数法，与任何语言都无关联。

如果我们要给每个数一个专一的名字，必须尚未被使用过，并且跟其他数的名字也没有关系，那么，要如何安排这些数？要如何排序？如何计算？没有规则的命名法很快就会使数变得无法使用。

因此，众多数需要有系统地分派其名字，且这些名字指涉该数的数量与值。我们并不是每碰到一个新数，就发明一个全新的名字，而是以一些较小数的名字为基础去命名。例如，“十八”这个数，就看得出是由“十”代表的数和“八”代表的数相加而得。

Cent mille milliards de poèmes

法国诗人凯诺（Raymond Queneau）在《诗海》（*Cent mille milliards de poèmes*，1961）中介绍10首十四行诗，每首十四节，读者可以其他9首中能与它对应的一句自由取代每一句，因此同时能组合出10^{14}首不同的诗，但不变的是都以十四行诗的定律为依归。

表示数的词

表示数的单词称为数词。根据同一个数，我们可能构造一个代名词（我有十二件），或者形容词（晚上的十二个小时），或者名词（一打）。另外也有倍数：两倍、三倍……十倍、百倍等；以及分数：二分之一、三分之一、四分之一等。

我们也应该辨别基数与序数的不同。基数是指一、二、十等；而序数是指在自然数列中它所在位置的顺序：第一、第二、第十等。

为了能够给尽量多的数命名，就必须能够找到一些数的名字，可以用来给其他数命名。

以中文来看数词，从个位数 1 ～ 9 开始是：一、二、三、四、五、六、七、八、九，以及表示 0 的零，然后是表示 10、11、12 的十、十一、十二。十位数：20、30、40、50、60 则分别是二十、三十、四十、五十、六十。然后是百（100）、千（1000）、万（10000）、百万（10^6）、亿（10^8）、兆（10^{12}）等，直到 10^{54} 以上等。

以不到 30 个名字，我们竟可以命名到 55 位以上的数，非常有效率；然而，这也不过是数的汪洋中的一小滴水，在永恒面前，10 亿年也不过是弹指之间。

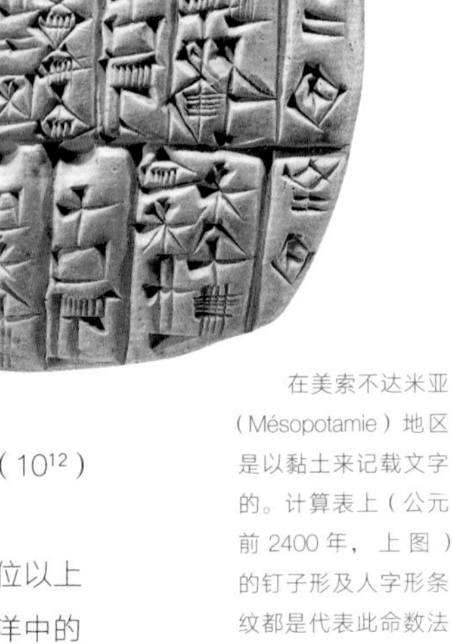

在美索不达米亚（Mésopotamie）地区是以黏土来记载文字的。计算表上（公元前 2400 年，上图）的钉子形及人字形条纹都是代表此命数法的数字。

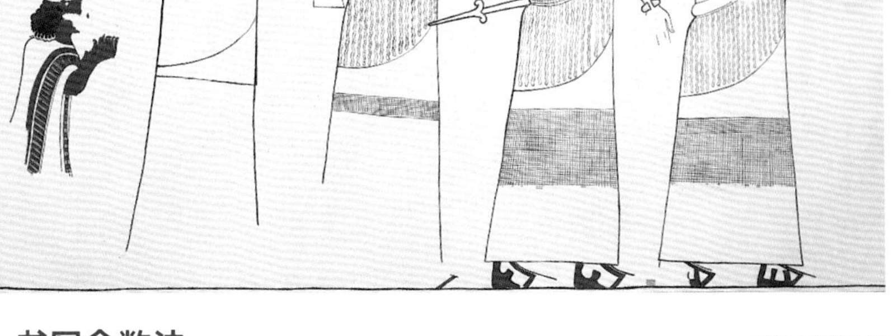

亚述人身兼计算师及会计师的誊写员管理帝国的财富［上图，提尔·巴尔西普（Tell Barsip）的巨幅壁画］。他们的权力地位与战士及祭师相同。誊写员负责教学，编写数字表及算术志，其中包括问题与解说。左图的钉子形条纹代表个数，人字形条纹代表10。因此，这两数为2与20。

书写命数法

我们看到人类如何将量变成数，接着再看看如何把数变成数字。

约公元前3300年，在苏美尔（Sumer）两河流域的美索不达米亚发明了文字。或许是为了要用来管理帝国、土地、牲畜、谷物、人民等，账目变得愈来愈复杂，很快就有写下记录的必要。数的书写表示法于焉诞生。因此第一个书写命数法是苏美尔人发明的。

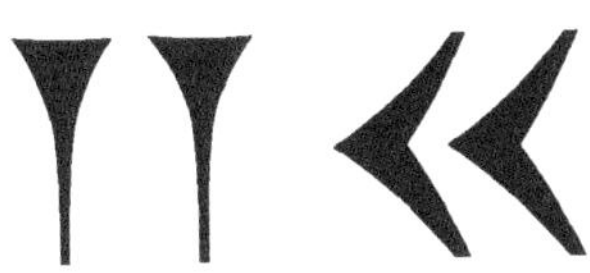

最早有文字出现的黏土画中，也显示出数字。书写命数法与文字似乎是同一时期出现的。

当象形符号及表意文字被转换成拼音符号，并且一个一个消失时，只有数字符号例外，它逃过了按照发音拼字的过程。数变成一套特殊的符号，被保留用来专做数的代言人。这些符号就变成数字。

数字是什么？

数字是代表数目的特殊符号。它是由特有的代号所设计而成。

以下是所谓的阿拉伯数字：1、2、3……9、0；苏美尔人的数字则是以钉形及锥形文字来表示。同样地，在埃及，莲花及青蛙都是命数法之一；而点、线或凹线都存在于玛雅的命数法中。

有些文明——如希腊、罗马、希伯来——不为数字创造特殊的符号；而是把某些字母拿来当作数字。这就是字母书写命数法，例如，希伯来文的（א）是1，（ב）是2，（ג）是3，而希腊文 α 代表1，β 代表2，γ 代表3。

在数的书写中，数字扮演的角色与字母在文字中是一样的。另外，数比数字多，同样地，文字也比字母多。就如“a”在法文中，不仅是字母，也是一个词，而“4”不仅是数字，也是计算结果的一个数目。而“13”却是个数，但不是数字。

古埃及人葬礼的祭仪中，死者的食物及饮料摆放在上图的祭坛上。即使收获欠佳，但是为了确保死者的粮食需求不中断，祭坛上还是登记有祭品的样式及食物。

数字语言

书写的数字构成了一种独立的语言，与文字的语言并存。每种命数法都有它本身的词汇及语法，也就是用来构造代表数的数字组合的方法。

数字是什么？如何安排？如何表达一个特定的数？反过

古埃及与其他主要文明一样，有很多命数法。最古老的是象形文字命数法，在公元前 3000 年就已经存在。在十进位制及加法命数法中，10 的前六位乘方有特别符号，换句话说，它可以将数表达至百万。个位数以垂直线表示，十位数则以篮柄表示，百位数以卷曲的绳索表示，一朵刚开的莲花连于茎上则代表千位数，竖起的小指头最后一节关节弯曲代表万位数，代表十万位数的是蝌蚪，百万位数则是将双手举向天的神。

如果雕刻尼佛亚贝（Nefertyabet）王子之墓墙壁（上图）的誊写员吉热（Guizeh）今天还活着，将以下图方式题写 1996 年。

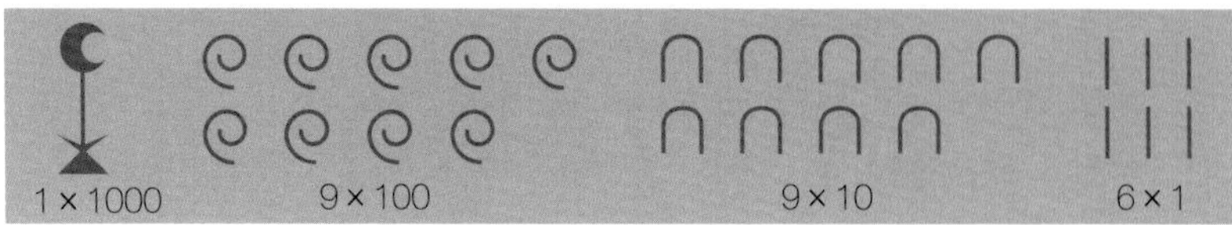

来说，如何把一个数字“解码”并且“说明”它所代表的数是什么？

一般而言，数字的构造规则原则上必须明确：同一个字绝对不能用来表示两个不同的数。然而所有的命数法都有某种模棱两可的性质，因此阅读数字时，注

I II III IV V VI VII VIII IX X XI XII L C D M

意前后文关联是十分重要的，就像阅读文字一样。

数字的空间分布，是线性的：符号展现于水平或垂直线上。最常见的是：以水平方式表现，感觉就像阅读一般文字一样。

٠٩٨٧٦٥٤٣٢١

以少作多

构成书写命数法的特征，是数字库及用以构造数的方法。

就像口语命数法一样，用书写命数法来表达数，需要一种有效的、系统化的方法。每个数都要命名，而且根据举世共通的原则来使用。每个名字还都必须有说明性，必须能告诉我们它所代表的数：告诉我你叫什么名字，我就告诉你“你形成”多少，也就是说，与量有关的“你是谁”。

1234567890

命数法就是一种能够“以少作多”的系统，其效率有赖于一个简单的组织原则：底数的概念。

“我们认为大学生及高中生放假时较适宜的情况是：在学校度过总比在咖啡厅消磨好，用语言相骂总比用刀剑打架来得好，因此，我们希望假日午餐后，为了彰显神的爱，学生可以免费呆在学校，互相争辩与阅读计算及其他数学学科。这里并不包括那些我们希望所有人都能一起庆祝的大节日。”

《维也纳和约》
1393 年

“第一件要做的事是以一种简单方法表示所有可能的数目。……我们已经开始用某些特殊符号来表示最初的 9 个数；一旦确立下来，我们就有好办法来赋予它们数字。除了绝对值外，依它们的位置定下值。数字 1 代表个位数，由此往左前进一位，就代表二阶数位或十位数。”

拉普拉斯侯爵（Pierre Simon Marquisde Laplace，1749—1827）在师范学校的第一堂课，1795 年

分组计算：底数

底数系统是指一种能够用小数字（口语数字）或符号（书写数字）来代表一个庞大繁复数的命数法。这个方法让数字不单单是纯计数，每个数都不单单是 1 的某个总和：$n=1+1+1+1+\cdots$。

我们不以单一的个数来计算，而是以分组的方式来计算。这些组使我们能够在数字序列中建立一种阶序，并且定义为

中世纪的大学容许私下教授数学而不归并于大学课程中。上图是 8 世纪某件罗马手稿，描绘一位教师及他的学生小耶稣，他手上拿着一个表，记载希腊及希伯来符号。

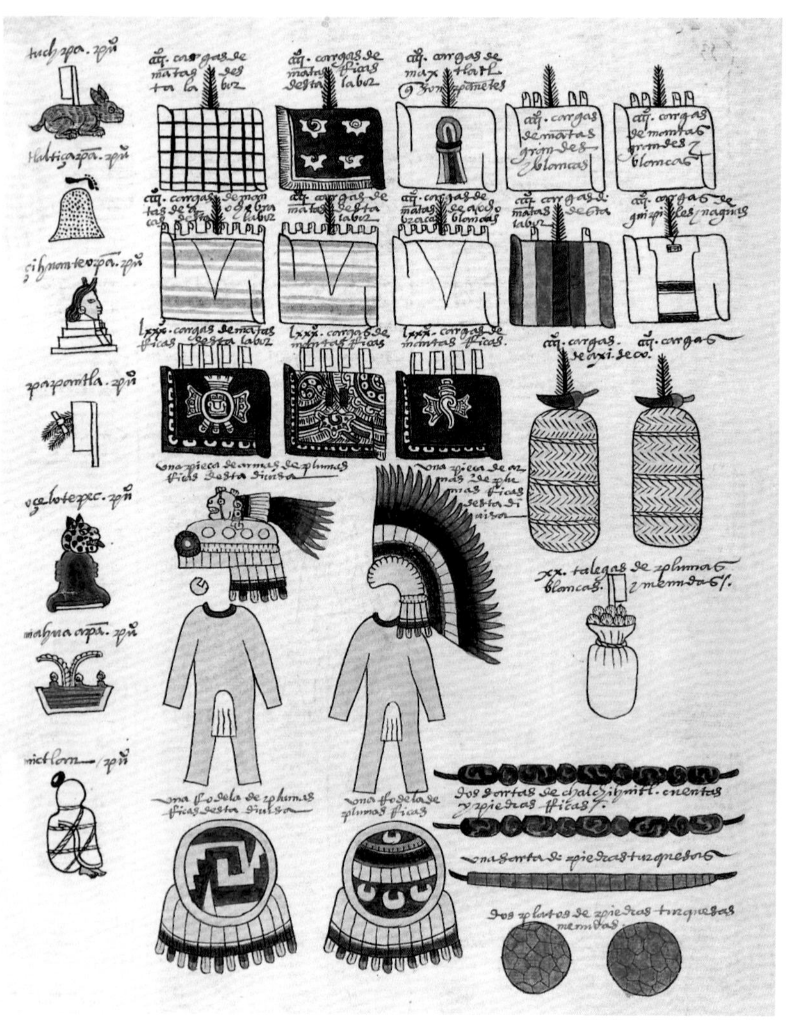

一阶数位、二阶数位、三阶数位等。因此，底数就是一个数：某一数位的数值达到底数，即进阶更高的数位。

原则上，所有数都能作为底数。但实际上，真正使用的只有几种。我们最常用的底数是 10，或称为十进位法。在底数为 10 的系统中，我们为 1 到 9 的数目命名，加上 0，形成一阶数位。9 之后，我们重复使用前面的数字，但是单位不同，来代表二阶数位、三阶数位、四阶数位等。其他如苏美尔人以 60 为底数（六十进位法），玛雅人用 20 为底数（二十进位法），其他还有 12、5、2 等底数。

底数愈小，数在书写上就愈长。但底数太大，符号就多，也就愈难计算。

5 太小，但 20 又太大。10 是最适当的，不会太长也不会太短；12 亦然。

因此，每个命数法都应提供各种不同的数位、一阶数位及底数的连续次方——即各阶数位，而这些计数单位又以此命数法的数字符号表示。

左页为门多萨（Mendoza）抄本中的一页，将贡品编号，分成 7 个阿兹特克城献给墨西哥的西班牙贵族。阿兹特克命数法的二十进位法如同玛雅的二十进位法，加法命数法的个位数以一个点表示，20 以斧头表示，“400”（20×20）以羽毛表示，“8000”（20×20×20）则以一种钱表示。一件短披肩上有 4 把斧头相当于 4×20 个短披肩；一根羽毛插入一包干辣椒中，就等于 400 包，依此类推。

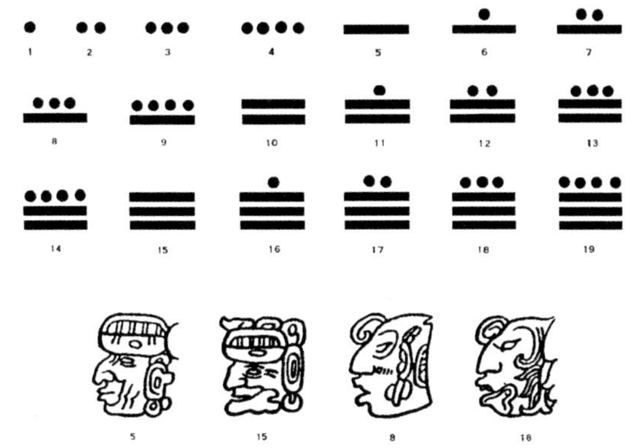

在玛雅，表示数目最常用也最简单的方法是利用点（代表数值 1）、杠（代表数值 5），以及 0。左图表示玛雅的前 19 个数字。我们在保存下来的玛雅 4 件手稿中的德累斯顿（Dresde）抄本（下两页）中也发现这些数字符号。

加法命数法与混合命数法

几乎所有的可能组合都已被各种不同的命数法所应用：埃及人接连提出 3 种命数法，中国人及希腊人也有 3 种，玛雅人提出 3 种，印度人则有 4 种。另外，阿兹特克人、埃塞

俄比亚人、希伯来人及罗马人也有各自的方法。

有些科学史家，如古德尔（Geneviève Guitel）及伊弗拉（Georges Ifrah）更建立了三组分类系统，在数的表示上代表不同的方式。此三类即为：加法命数法、混合命数法及位置命数法。

分类的原则是建立在如下基础上，由数字所组成的数，及所使用的算术过程。

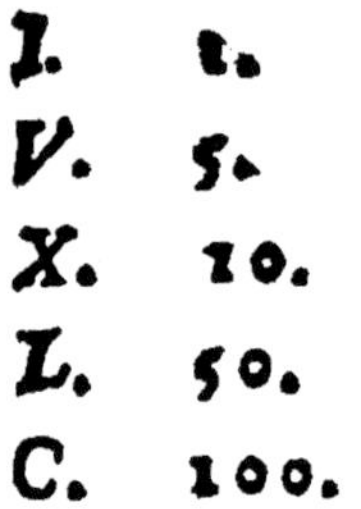

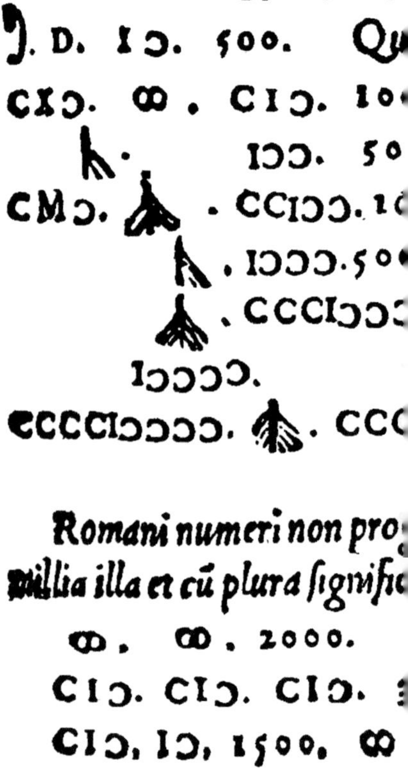

在加法命数法中，加法是唯一使用的工具。数是由并列的符号所组成，其值便是这些符号值的总和。因此，命数法的功能就如同“称重”一般：数就是所组成的数字总和。每个依必要的次数重复，例如“二百”就是“一百”+“一百”，表示方式就是将代表“一百”的字写两次。罗马数字就是个例子，在 CCLVI 这个数字中，C 代表一百，L 代表五十，V 代表五，I 代表一。（这个数字是两百五十六，我们平常会写成 256。）

而混合命数法则掺杂了加法及乘法。加法的运用就如前所述，将连续的位数加总。然而每一位数中，乘法用以下的方法运用：“二百”概念上就是两倍的“一百”，表示为二之后接着一百，二者并列，就有乘法的值。

为数位命名

在这两种命数法中，不同进位法的底数很明确地进入书写中；每一数位都有一个数字表示。很明显，这样的特征有其缺点。

Quinquaginta millia.
Centum millia.
Quingenta millia.
1000000, Decies
cētena millia.
ntur ulcra decies centena
lunt, duplicant r.otas:ut

随着数愈来愈大，为了要使这些数都能够表达出来，我们就必须再加入新的数字。随着数位的增加，就得不断发明新的单位名称。想象一下如果字母随着我们所需的新字而愈增愈多的情景！字母的一大优点是一旦固定以后，就经得起时间及新字的考验，面对再多的新字，字母还是一样的。这点却不适用于上述的两种命数法系统。这两种命数法所代表的数，都假设要能表现无限的量，但系统本身的能力却有局限。

位置命数法就没有这个缺点。它是如何容纳无限的数量呢？

罗马命数法不是字母式的。I、V、X、L、C、D、M（1，5，10，50，100，500，1000）这7个数字符号都不是源于拉丁字母。这是经过漫长时间演变，且模仿字母特征而来的。此系统对表达巨大数时有很大缺失也无法执行简单计算。看看LVII乘上XXXVIII如何变成MMCLXVI（57×38=2166）！

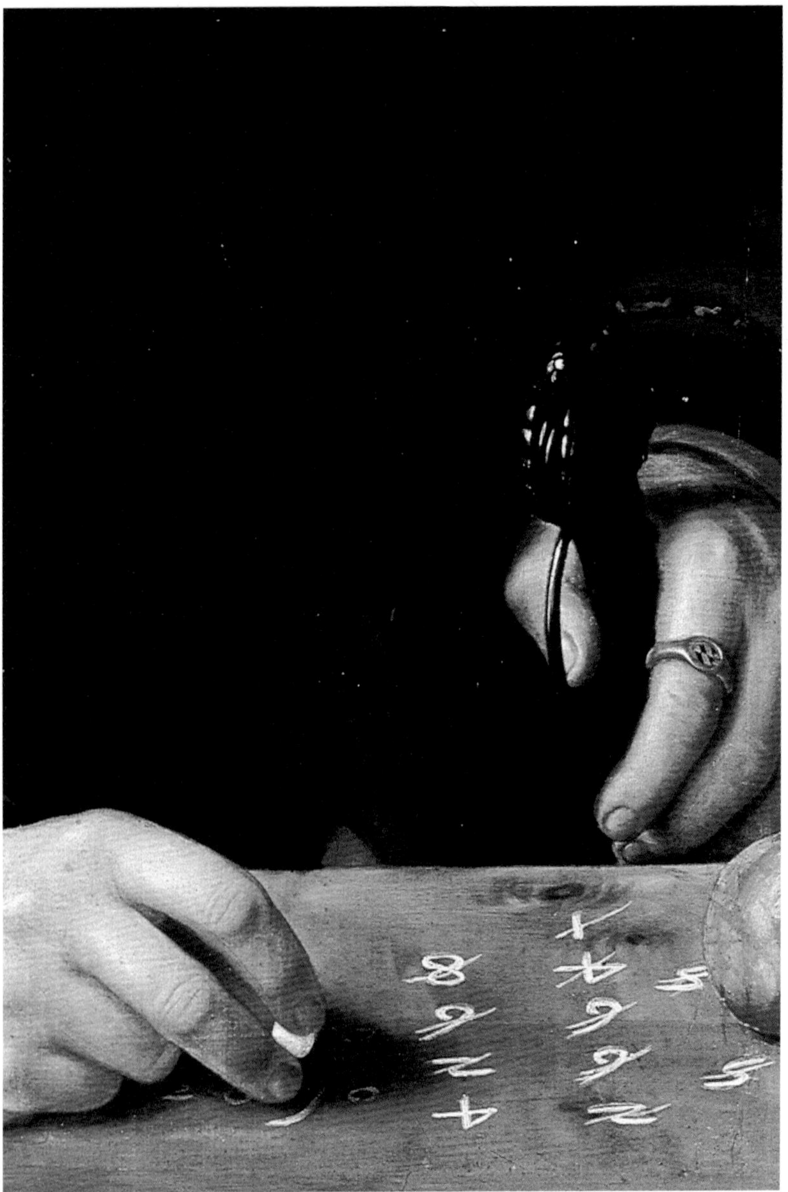

写计算式、直接以所列数字进行运算，这在人类历史文明中是很晚又很特殊的做法。这种书写的计算原只是单独写下来，一直要到5世纪左右，印度的位置命数法发明“0”后才完全被执行。区区10个符号却能表达世上所有的数。

第三章

位置命数法

“位在最上阶的驴子，其价值比位在最下阶的狮子还高。”这就是位置的原理。1000中的1的值比999中3个9的任一个都大。

位置的原理：计算位置

在大部分的命数法中，数字的值与它在数的书写中的位置是不相关的。例如："I"在罗马命数法的写法中，它的值是"I"，同样地，"M"代表"千"。因此"1001"就写成"MI"。

位置命数法打破了此种原理。它设定数字的值并非固定不变：亦即随着位于数的书写中所在的位置而不同。

在此，正确来说，是位置在"计算"，位置本身即有一定的值。数字只有与位置"配对"才能计算赋值。

当计算是以硬件装置，如算盘来达成时，就无须显示任何运算及记录结果。然而若通过书面计算，就必须写下运算过程了。如何安排空间让不同的运算阶段明显呈现？显示的方法在历史上有很大演变。下图是16世纪用于西方除法的布局，称"加莱除法"（Galley division），这是一位威尼斯修士的名字。威尼斯的老师要求学生结束运算后画上去。此法从9世纪起就被阿拉伯数学家阿尔·花剌子米（al-Khuwârizmî）所使用。

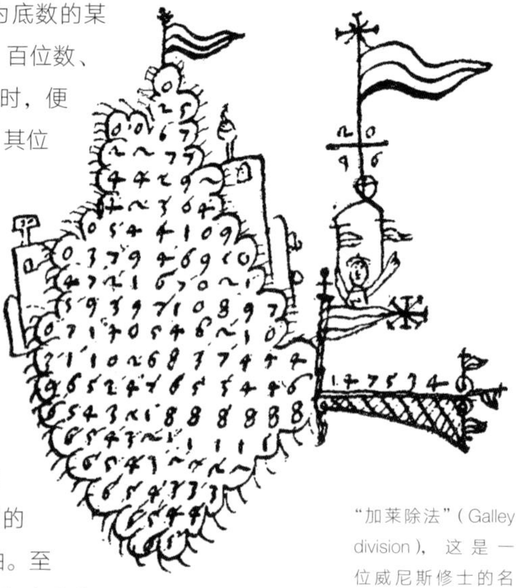

0在位置命数法中的重要性

由于每个数位其"值"为底数的某次方（例如个位数、十位数、百位数、千位数等），所以写出一个数时，便不须再用数字明确表示其值，其位置就实现了该功能。因此，代表着十、百、千等的字就不再需要，单一数字便可代表几十、几百、几千等单位量了。

位置的原理最初是用于图像命数法，后来被援用在书写命数法中。要将记录在算板或算盘上的数转换为书写的位置数字，就要去掉算盘珠轴。至于石头、小石子、珠子，只需把实体的物件转换成书写符号，在纸上用更抽象的方式排列出来。于是，把算盘上的结果以书写的符号方式写出来，只缺乏一个元素：无法显示珠轴上没有珠子的那行。于是诞生了最后一个数字符号：零。

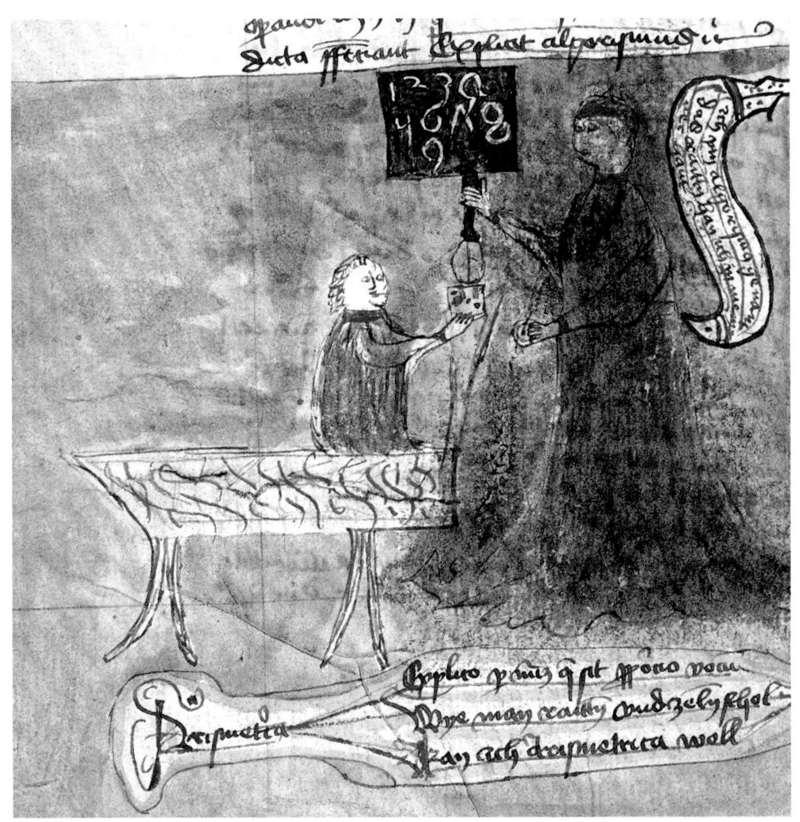

13 世纪，英格兰学者暨畅销书《阿拉伯算法》(上图为缩小图)作者萨克罗博斯科(Sacrobosco)，在西方推广阿拉伯数字(chiffre arabe)上扮演重要角色。

位置命数法是唯一需要零的命数法。比方说，十位数一定得存在，就算里头是空的也一样。那么，就得有一个符号放在这个栏位，告诉我们这个位置不用算，而且告诉我们下一个数位表示的是百位数。这就是“零”的作用。

在“1001”中，十位数及百位数都不计数，也就是说，里头是空的，因此以“0”表示。虽然另外两个数字都是“1”，但我们却可以通过它们的位置辨认其值：右边第一个等于一；第二个往左数三位的位置则等于一千。

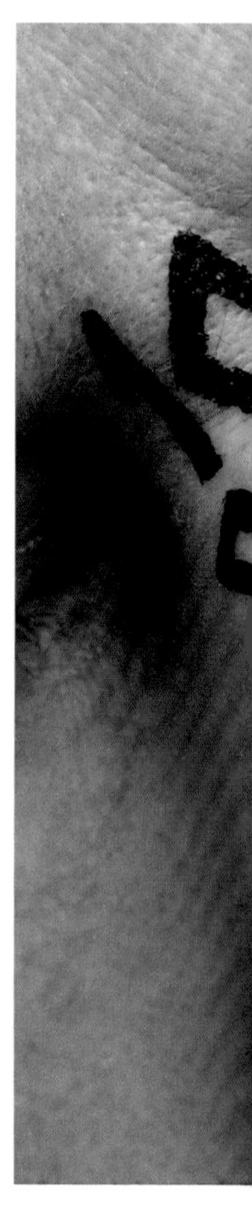

本书法文版出版年份“1996”以位置命数法来显示（左上图）。

从“以少计多”到“以少计全部”

印度位置命数法的了不起之处，在于以下几个元素：配备有 0，使用十进位制为基础，而且每个数字都是彼此独立的。也就是说，其书写的方式不会被误认为是几个并列的数；换个说法是，这些数字是不能被拆开来的。就是这些数字彼此间的独立性，排除了阅读时所有的模棱两可（这在其他命数法中是常有的情况）。

这个系统的运作只有一个简单的策略，那就是：位置原则。这个原则对于数字有个十分民主的特质，把数字一个接一个地排成一行，给定了阅读方向，不遵照任何限制其使用的优先规则。所有的位置都可以摆任何一个数字！当然也包括“0”。从这个原则，引申出所有遵循此原则的数字序列（由单一数字集合而成），都代表一个、且只有一个数；反过来说，另一方面，所有的数也被一个、且只有一个数字序列所表示。

这种命数系统的另一个优点是：数字的长度与数的大小有关。数的名字愈长，则其值便愈大，反之亦然。数的长短与其值的关系，便变得极其简单。例如，“1001”比“888”还长，形成的 1001 值也比 888 值大。如果我们以罗马文字来比较的话，“1001”写成“MI”，长度只有 2 位，而“888”虽然值比较小，其写法为“DCCCLXXXVIII”，长度却有 12 位！

世界上所有的数

命数法在数与其名字中发展出“一对一”的匹配关系。这

让我们看看几则数学运算及它们之间的关系。从加法开始，我们将乘法定义为加法的重复：$m \times n = n+n+n+n+n+\cdots+n$（$m$ 次）。同样地，乘方增加，我们把次方定义为乘法的重复：$n^m = n \times n \times n \times n \times \cdots \times n$（$m$ 次），m 为指数。1 之后接 n 个 0，记作 10^n，称为“10 的 n 次方”，相当于 10 乘以 10 的（$n-1$）次。因此 $100=10^2=10 \times 10$；$1000=10^3=10 \times 10 \times 10$；同时，$10^1=10$ 而 $10^{n+1}=10^n \times 10$，且 $10^0=1$。

也是为什么今天对我们来说，很难在印度命数法中区分一个数和它的名字。对我们来说，如果“1001”不代表数，那它代表什么？这套于 5 世纪在印度所发明的“命名－代表”系统，在命名上的能力，和它所代表的数一样无限大。

更进一步，印度数字表示法的特性，使得它比字母语言更优越。每个数字序列，就是某个特定数的名字。但字母形式所组成的字母组，却不见得能成为一个字——很多字母组只是无意义的字罢了。字母组“kwxjj”并非英文、法文，或任何语言里面的词，也不具有任何意义。但任何一个数字组却都代表一个特定的数。

印度位置命数法具有无限的表达能力：十个符号与两只手的手指数一样多，却能表达世上所有数。

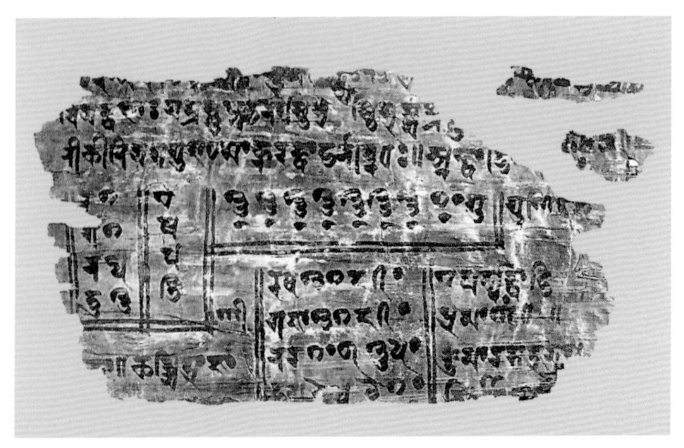

左下图这个12世纪的印度手稿中，巴克沙里（Bakshali）说它代表109305。其中的0并非以圆圈表示，而是以圆点(bindu)表示。

印度位置命数法的发明

这个了不起的系统为什么要冠上“印度”之名？早在公元前，印度就已经发明了从“1”到“9”的单一数字，约于公元前 300 年在纳纳·吉哈（Nana Ghât）的铭刻上即已发现。但当时尚未应用到位置表示其值的原则，也还没有零。

位置命数法与“0”是 5 世纪时于印度发明的。458 年出版一本以梵文写的天文学志（*Lokavibhaga*）——《宇宙的构成》。我们可在书中看到数字“一千四百二十三万六千七百一十三”是依位置原理来写的，指以下的 8 个数字：14236713。（在文章中，这些数目字是用文字写出来的，而且是由右写到左记成：“三，一，七，六，三，二，四，一”。）在此段文章中，同时也出现了“空”（*sunya*）这个字，代表“零”。这是目前所知命数法的最古老文献。

印度数字的写法以及激发其创造的思想，其力量在于一项事实：每个数字都是独一无二的。也就是说 2、3、4 等数字都不是 1 的集合；这是它比其他 3 个古代的位置命数法占优势的地方。这特殊图形赋予这 10 个符号完全的独立性，消除这些数字书写上的困扰。在中东，印度数字（左图为其图形的演化过程）在阿拉伯世界广泛流传，特别是在伊斯兰教世界的西边、北非阿拉伯马格里布（Maghreb）地区，以及伊比利亚半岛。这些地区采用的数字不同于东方使用的最初数字的印地语形态。这些土盘算法提供数字今日的风貌；至于传播至西方基督教世界则是通过西班牙。

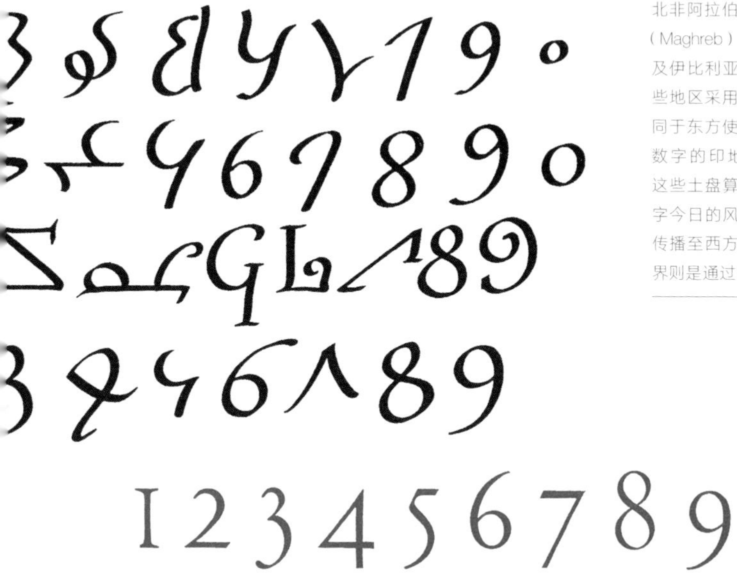

1 2 3 4 5 6 7 8 9

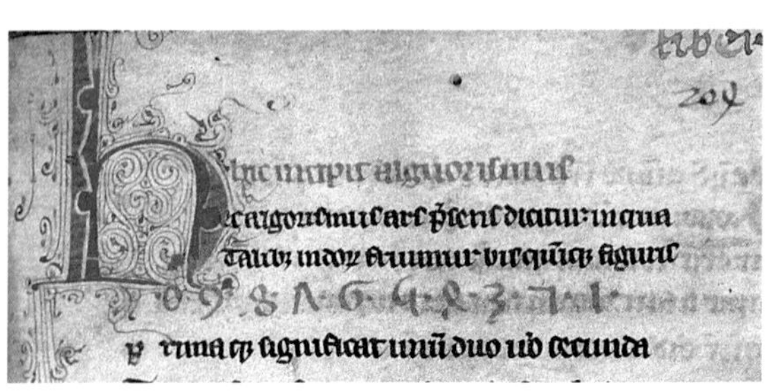

阿拉伯人对印度命数法的推广

约300年后，773年，一位印度大使带着珍宝——数字与算法的知识——来到巴格达。创立该城的领袖哈里发曼苏尔（Mansour）与宫中的阿拉伯学者马上就看出这个礼物是无价之宝。

代表此项新知识的第一本阿拉伯文著作，是数学家花剌子米（Muhammad ibn Mûsâ al-Khuwârizmî）的《根据印度算数为基础的加法与减法》。此书完成于9世纪的前数十年，是一本特别的著作。借由此著作，印度算数才被传到西方基督教世界。而这本著作从12世纪开始，被多次译成拉丁文，称为“阿拉伯数字演算法”（Algorismus），即来自花剌子米名字的拉丁拼写。“我们可以利用这些印度数字来做二乘五的十进位算术。”一首1200年左右的拉丁诗《四则算法之歌》（*Carmen de Algorismo*）如此写道。

算板学派对抗阿拉伯数字演算法

在中古世纪的西方基督教世界，计算方法是使用列线板（abaques），也称为算板，这是一种计算器具，一张桌子上有栏位或画了许多横线，用筹码或石头代表单一数字。《四则算法之歌》把首次出现在西方的“零”视为一个数字。算板学

一个用写的，另一个则否。阿拉伯数字演算法战胜算板学派。跨页这幅16世纪初的版画描绘书面计算战胜筹码计算的事迹。以9个数字和0为基础，阿拉伯数字演算法在整数的四则运算上速度更快，结果也更正确。后方穿着布满数字的洋装的算术夫人明确显示了她偏好哪一方。

法国数学家维尔迪厄（Françai̇s Alexandre de Villedieu）的著作《四则算法之歌》（*Poème sur L'Algorisme*）在法国大学学习及推广算数上扮演首要地位。左页左上图中标示着10个数字，按阿拉伯文字阅读的方向，这些数字必须由右向左读。

派的劳恩（Raoul de Laon）想到，在空白的栏位内放入一个筹码（名为：*sipos*）。这个筹码很快就被“0”的符号取代，使算板的栏位变得一无是处。12世纪起，这类算板就渐渐被沙板取代，沙板成为计算的工具。

以古希腊数学家毕达哥拉斯为号召的算板学派，与阿拉伯数字演算法学派，两者间发生强烈对抗。在这项传统与现代的对抗中，旧势力通常都被说成是计算艺术奥秘的保持者，以及职业计算者的权利护卫者，等同于基督教神职人员。毋庸置疑，引进新计算法标示着计算的民主化：其单纯性与缺乏神秘感，使得这种算法被一般人普遍运用。计算再也不是只限于少数小圈圈专业者才能运作的神秘艺术了。

我们今天所使用的数字符号，虽然称为“阿拉伯数字”，但其实并非来自中东的阿拉伯，而是来自西部阿拉伯，摩尔人统治下的西班牙（编按：西班牙及北非曾受摩尔人统治），我们把它称为“土盘算法”（ghobar）数字。这条路线很长：印度—中东的阿拉伯—北非—西班牙摩尔地区，这趟行程持续了800年以上。

渐渐地，位置命数法的源流在西方就被遗忘了，大家只记得最近的来源。因此，印度符号成了阿拉伯数字，而且大家都以为“0”是阿拉伯人发明的。阿拉伯的计算家是印度计算普及的宣传推广者，由于他们是最早使用者，便

在中世纪坚固耐久的城堡里，日晷仪扮演一个很特殊的角色。它镶在石头或金属上，让所有人都能看到不同时间标示出的不同数字。位于日晷仪上的印度－阿拉伯数字（取代罗马数字），在普及化上占一席之地（左图为15世纪中叶的携带式日晷仪）。

起源于公元前 4 世纪希腊的命数法与希伯来命数法，都是一种字母命数法：其数字以大写字母表示；代表个位、十位及百位的有 3 个系列的 9 个字母，也就是有 24 个希腊字母再加上 3 个符号来满足命数法需求。它是十进制及加法形态。例如 1789 的表示法如下：

'Α Ψ Π Θ

1000+700+80+9 在字母 A 前加上一撇“'”代表千位数的“1”。不过，希腊数学家还是把重点放在最强势的命数法上。古希腊数学家阿基米德（公元前 287—前 212）在《数沙者》(*l'Arénaire*) 中特别创造一个系统能达到 1 后面 8000 兆个数字的数。希腊数学家还明确区分了计算技术、逻辑学与数的研究（算术）。跨页图是基督教时代初期的希腊乘法表。

足以在漫长的数字历史中占一席之地。阿拉伯的传统能够延续，都该归功于真正的源头印度。

以数字的名字来计算！

5 世纪的印度计算家及后来的阿拉伯计算家，将数字直接写在地上、沙土上、泥上或沙板上。计算家们把细沙或面粉装在小袋子内随身带着走，用手指头、小棍棒或有尖头的刀子画出数字。之后，采用比较讲究却不太方便的方法，使用上了蜡的画板，然后是各种用粉笔书写的石板。最后，终于有了纸张。

实际上，以文字记录数及书写记录器具的发展，二者一直都是分道而行的。印度位置命数法创造了一项使文字与计算之间的距离消失的奇迹。从今以后，我们不再需要物品来代替，便可以直接以数字之名本身来进行运算了。就这样，计算的文字产生了，也因此结束了珠算盘、计算板及沙板。只要有一支笔及一张莎草纸、羊皮纸或任何纸张，就足以负担任何复杂的计算。

现在的系统能够做得更好吗？伊弗拉如此说："我们的位置命数法建立了一套完美的系统，这套系统的发明成了数字史的最后阶段：从此以后，在此领域已不可能再有任何发现。"这项无法超越的品质，因此也确保了它的普及性和持续性。

也由于十进位制的公制系统，现今几乎全世界的人都是使用印度的位置命数法。

下图的9个框框代表3种从1到9的中文命数法。框内最上方以大写表示的是古命数法（公元前1450年）；左下为商码；右下则是学术命数法*（公元前2世纪）。后者是以10为底数的命数法，只利用垂直线与水平线两种符号来表示。

*编按：即中国的算筹记数法的竖式写法

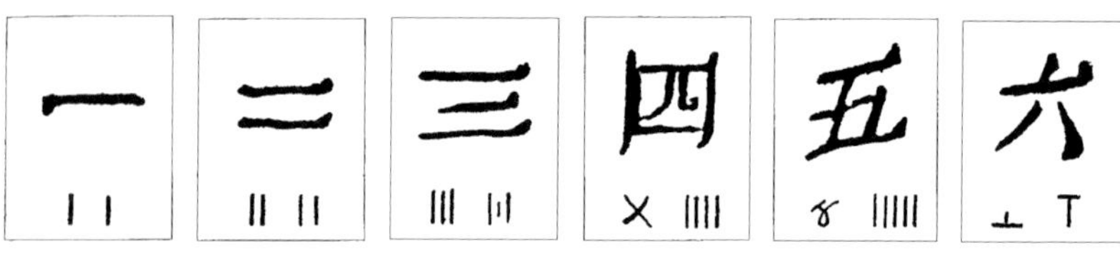

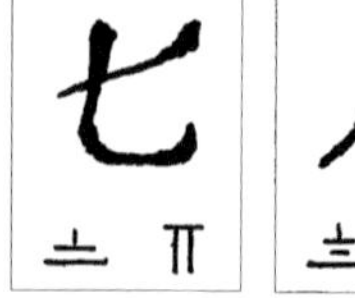

另外三种位置命数法

除了印度命数法外，尚有另外三种文明也以独立的方式发展出位置命数法。在公元前2000年初的巴比伦、公元前1世纪的中国，以及大约在5到9世纪间的玛雅帝国盛行了一段时期。

它们也有相同的缺点：个位数之间没有独立性。例如：“2”并非是独立的数字，它只不过是“1”的再重复。玛雅的位置命数法是以 20 为底数（二十进位制），它并没有 19 种不同的符号，只有表示“1”“5”及“0”这 3 种符号。同样地，苏美尔人的位置命数法是以 60 为底数（六十进位制），它并没有 59 种不同的符号，只有表示“1”及“10”这两种符号。而中国命数法则为十进位制。

16 世纪时，数的使用及算术的运用都是高深学问的表征。只要有人知道乘法与除法就能确保他未来的职业。在上图这幅 16 世纪的挂毯中，算术夫人正在教一群富家子弟新的计算法。

介于古老与现代的二进位（binaire）命数法

除了以 10 为底数的位置命数法外，二进位命数法也是常用的方法，它只有两个数字："0" 及 "1"。在纯粹数点计数之后，这是我们所能想象最简单的，同时是最古老也最现代的位置命数法。

最古老的方法是：介于澳大利亚和巴布亚新几内亚间，托雷斯海峡的居民所使用的一种叫作 urapun-okosa 的命数法，即是"1"-"2"相互交替组成：

1：urapun
2：okosa
3：okosa-urapun
4：okosa-okosa
5：okosa-okosa-urapun
6：okosa-okosa-okosa

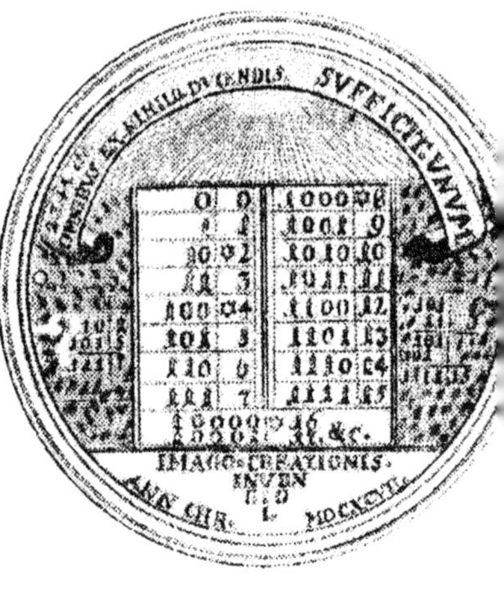

二进位制虽然表达式冗长，却成为所有电脑运作的基础。现代利用二进位制进行数字编码，使得电脑具有超强的计算能力。德国哲学家暨数学家莱布尼茨（Gottfried Wilhelm Leibniz）是最早推广此系统的现代思想家，他在 1703 年写下："我并不使用逢十进一的方法，多年来我使用的方法一直是最简单的逢二进一法，发现它使数字科学更完美。同时，我只使用 0 和 1 两个符号，分别使用再并用，

再重复。这也就是为何这里 2 以 10 表示，而 2×2 或 4 则以 100 表示，2×4 或 8 以 1000 来表示，等等。”以二进位制表示的数，其长度至少都是十进位制表示数的 2 倍。如果以人工计算的话，这样的延展情况使二进位制法变得很不方便，但对电脑却未造成任何不便。

这种“1”和“0”的数列，也可以解释成“是”和“否”的序列，借由基于电子传播的简单的物理设备进行编码，可以变成一个很容易的系统。电流通过代表“1”，而“0”则为电流中断。电脑处理速度的一日千里，也使得超长的数字可以迅速编码。

莱布尼茨（左页上图）设计了一种庆祝采用二进位制命数法的纪念章（左页下图）：“我呈现了光明与黑暗，或者根据人类的意念，神的旨意浮游于水上……这是真的，就像空旷的深渊及死寂的沙漠归属于零，而神的旨意及其光芒则属于全能的一。”

LE PETIT ARITHMÉTICIEN
EL PEQUEÑO CONTADOR
MULTIPLICACIÓN · MOLTIPLICAZIONE · MULTIPLICAÇÃO
DIVISIÓN · DIVISIONE · DIVISÃO
MULTIPLICATION
DIVISION
Addition
Addizione
Adición
Addição
Soustraction
Sottrazione
Subtracción
Subtracção
DÉPOSÉ
IL PICCOLO COMPUTATORE
O PEQUENO CONTADOR
NOUVELLE LIBRAIRE DE LA JEUNESSE, 10 RUE DE L'ABBAYE 10, PARIS.

1、2、3……这些数字在现实中如此明显，以至我们称之为“自然数”，但我们对它们到底了解多少？整数无穷尽地延续，对我们来说如此熟悉，规则出乎意料地简单，令人惊奇且无法说明。这门学问建立下“算术”这门关于数的理论；而德国“数学王子”高斯（Carl Friedrich Gauss）又称算术为“数学之后”。

第四章
自然数

对小学生而言，他们可以把乘法表背得滚瓜烂熟，却对除法反感，数是否仍有奥秘？左页是20世纪初学校使用的工具，称为“小算术家”，它可做四则运算。

除法，探索所有自然数的方法

依照一般惯例，我们用 N 来代表所有自然数所成的集合，它是把 0 加于 1、2、3……之前形成的。我们知道 N 有一个起点，以 0 为开始；但却没有结束，没有最后一个自然数。而且每个自然数 n 后面都接着下一个自然数 $n+1$。而正整数、负整数及分数的研究，都属于算术的范围，是数的科学，研究不同数的四则运算。这是最困难的数学科目之一。

加法使数变大及延续，就像 1+1+1+…，乘法根据命数法原则：每个数都是底数不同次方的倍数之和。除法在本质上则是一个探索工具：借由测试自然数的可整除性（divisibilité），我们能更加认识自然数，可整除性是算术的一个关键词。

古希腊人欧几里得［Euclid；左页为德国艺术家恩斯特（Max Ernst）所绘］是公元前3世纪相当伟大的数学家，著有《几何原本》（*Eléments*），他的欧几里得除法为除法带进一种观点，也就是带有余数的除法。例如 19 除以 5 等于 3，余 4。

偶数、奇数，自然数的第一个分类

约数（diviseur）的研究是自然数分类的主要原则之一。每个数被除以某数的结果如何？可被哪些数整除？它是完全可整除呢？还是部分可整除呢？等等问题。

最简单的除法是除以 2，此为自然数的第一个分类法。能被 2 整除的称为偶数，不能被 2 整除的称为奇数。偶数能被分成两个相等的整数。古希腊被称为毕达哥拉斯学派（Pythagoriciens，公元前 6—前 5 世纪）的数学家们，首先确立这项特质，并由此建立起一般法则。奇数与偶数持续地交替出现，就构成了自然数序列。

为了标示偶数是以

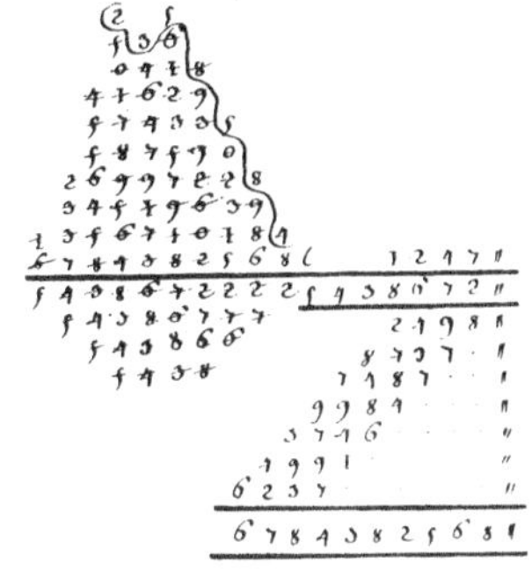

这个三角形乘法表取自 1793 年一位学生在一堂算术课中的作业。

“双数”形式出现，数学家习惯以 $2n$ 表示偶数，n 代表任何自然数；接在其后的奇数则以 $2n+1$ 表示。

但是哪一种运算可以确认奇偶性？两个偶数的和为偶数，两个奇数的和亦为偶数。因此加法并不能确认奇偶性。另一方面，两个偶数的乘积为偶数，而两个奇数的乘积为奇数。因此，乘法可以确认奇偶性。那么平方呢？偶数的平方为偶数，奇数的平方为奇数。因此平方也可以确认奇偶性。

各位女士先生，请下注！看看会是几号？你也许会大赚一笔。有多少游戏是建构在数字上：从轮盘赌到乐透彩券？

有些人的观念里有好数字与坏数字，幸运数与不幸数。5似乎就属于好数字。画家德穆思（Charles Demuth，1883—1935）为画作（右页）命名《我看见金色的5》。在北非国家，“5”（Khamsa）以法蒂玛（Fatma）伸出5根手指的手表现，是人们佩戴环绕于身上的宝饰，用来驱邪避凶。

质数，第二个分类法

质数是数的分类的第二个阶段：一个数除了1和它本身以外，不能被其他数所整除（此数字永远是它本身和1的乘积：$n=n\times1$），这种数称为质数，因为除了该数本身和1之外，它们不会是任何其他数的乘积。包括2、3、5、7、11、13、17……都是质数。

每个整数不是质数就是质数的乘积，一个数以其质数相乘形式表示，称之为分解质因数。每个质因数都具有独特性（每个整数都有一个、且只有一个分解质因数公式），这个结果非常重要。由于每次分解质因数都对应到唯一的一个整数，使得所有的整数都能以质因数的集合表示。

例如［7，11，17，23］是分解质因数30107的结果，因为30107能而且只能被7、11、17、23这四个数所整除：$30107=7\times11\times17\times23$。

质数扮演着数的产生器的功能；它们可以创造所有自然数。质数是整个自然数系的建构支撑点，对它们的了解成为数学家的中心课题。如何了解它们？它们一共有多少个？它们如何出现？在自然数中出

BILL
No. 5
C.D.
W.C.W.

现的频率、规则如何？

数愈大，代表着比它小的数愈多；所以它的因数也就愈多。同时，数愈大，那么它是质数的“概率”就愈小；当自然数愈大时，质数出现的频率愈低：质数将会愈来愈难找。可是，质数有可能会因为因数的增大而消失吗？不会的。不管自然数到多大，永远都会有质数：最大的质数并不存在。数学家们的梦想之一，就是发明一种机器，可以制造出所有质数。

如果两个质数相差 2，称之为“孪生质数”（Twin primes）。也就是这两个质数不可能更接近了。例如 17 和 19、29 和 31 都是孪生质数。1000000061 和 1000000063 也是。这两个数字这样大，却还是孪生质数，实在令人讶异。不过，质数出

IBM

Thomas J Watson Research Center
P.O Box 218
Yorktown Heights, New York 10598

$2^{19937}-1$ is a prime

现的密度随数字增大而锐减，所以我们猜想，在此之后可能没有孪生质数出现了。

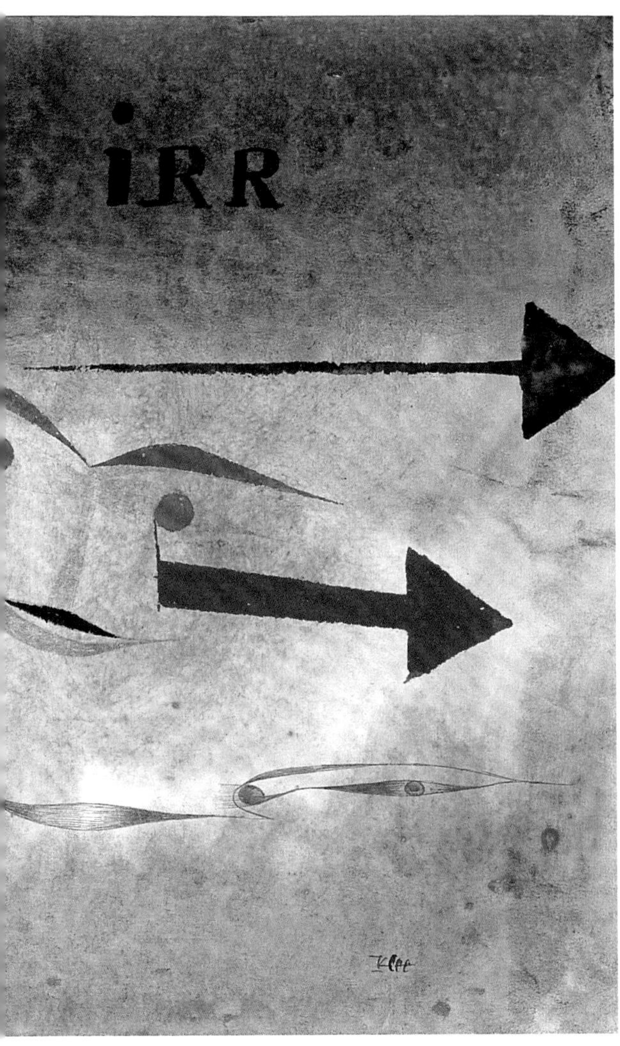

质数 17 出现在瑞士画家克利（Paul Klee，1879—1940）1926 年的作品《迷途 17》中。

1985 年 9 月 8 日 7 点 30 分，新闻快报："休斯敦，得州。我们刚刚发现最大的已知质数：$2^{216091}-1$!"这是一个有 65050 个数字的数，在这些质数字中，法国数学家梅森（Marin Mersenne，1588—1648）的质数，即 $M^n=2^n-1$（n 为整数）形成的质数特别引人重视。发现这些质数变成一种竞赛。直到 1963 年找到 22 个，同年又向第 23 个打招呼，$2^{11213}-1$，为此还发行了一枚特别的纪念邮戳（下图）。今天

$2^{11213}-1$
IS PRIME

最大的梅森质数是第 34 个 $2^{1257287}-1$，有 378632 个数字！这些发现都是研究者间紧密合作及用电脑不断试验的成果。

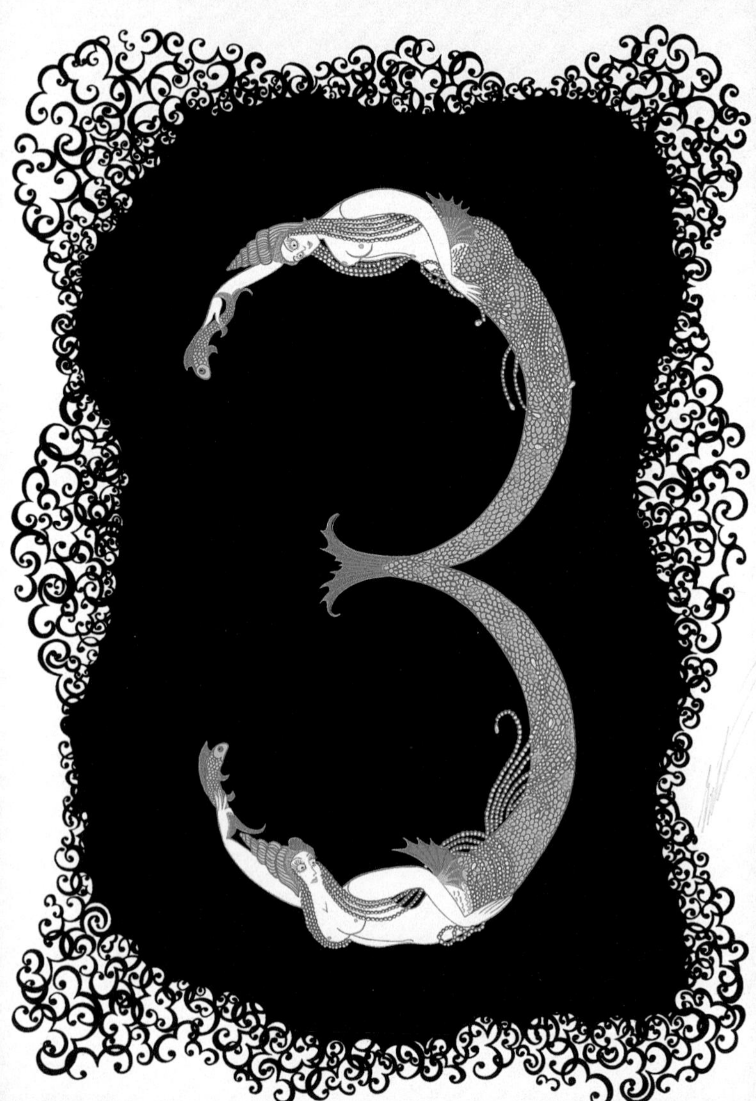

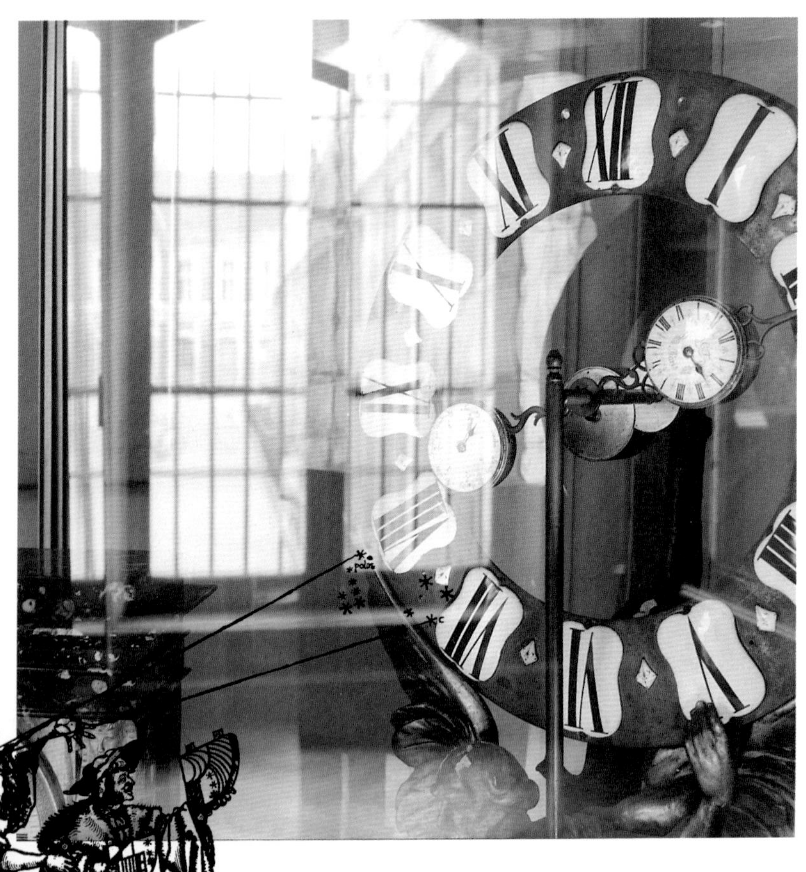

60，可被除尽的

如果一个数愈能被整除，就能被分成愈多部分。一个数如果有愈多的部分，则在某些状况下可证明其“用处”愈多。60 可以被很多不同的数整除，这解释了 60 的秘密及其在数学领域中的巧妙运用，例如古代苏美

16 世纪测量天体角度的方法有以下几种：象限（左图）、几何平方、夜间探测器（nocturlabe，右页右图），以及“雅各的杖”（bâton de Jacob，右页左图）。

尔人以 60 为底数的进位制。是不是因为 60 很容易被整除，所以一个小时就分为 60 分钟，而一分钟就分为 60 秒呢？看看 60 的因数：1、2、3、4、5、6、10、12、15、20、30、60。实在令人惊讶！有 12 个因数。把它和“100”相比较，100 比 60 大，不过 100 却只有 8 个因数：1、2、4、5、10、20、25、50。

而 60 也衍生出它的因数 12，12 有 4 个因数，然而 10 却只有 2 个因数。这就解释为何 12 进位制偶尔会比十进位制更占优势——例如我们的十二小时划分制。直到 18 世纪，在大部分国家，常常将介于日升与日落之间的白天分为 12 个小时，造成每年不同期间，其小时长度都不同。冬天的小时短，而夏天的小时则比较长。

另一个跟 60 有关的数是其倍数 360，这使我们能测量角度及圆弧。其中一个结果是产生直角 90 度。长久以来，即使我们已习惯使用十进位制，但很多计算还是以 60 等分（六十分之一）进行。

我们观看某物的角度与物的距离有关。如果我们知道距离与角度，要如何求得其大小？这就是三角函数（trigonométrie），也就是“三角测量学”的用处了。法国数学家维耶特（François Viète）著有《截角术》（*Traité des sections angulaires*，1615），他或许也是三角函数的发明者。三角函数的正弦（sinus）、余弦（cosinus）、正切（tangentes）、余切（cotangentes），其特征与某个角的度数相关。

完全数（Nombres parfaits），亲和数（nombres amiables）

为了“测量”某一自然数的可除性，我们也可以看看其因数的加总。把某一自然数与除了它本身以外的因数总和做比较，如果其因数总和比该自然数大，那么此数便称为过剩数。这类数包括 12、18、20……例如：12 比其本身因数的总和要小（12<1+2+3+4+6=16）。反之，如果因数的总和比该数小，那么在此情况下，此数便称为不足数。这类数包括 4、8、9、10……例如：10 比

如何把整数放在框框中而使得横向、直向、对角线的和都等于某已知数？德国画家丢勒（Albrecht Dürer，1471—1528）在木刻画《忧郁症》中刻了每边有 4 个格子的正方形，共有 16 个方格、10 个相等的数：四个横向的和、四个直向的和以及两个对角线的和都等于 34。在最下面中央的两个空格中，丢勒自娱地写下创作的年代“1514”。

其本身子集的和还要大（10>1+2+5=8）。而如果数本身因数的和等于该数，那么此数便称作完全数。例如：6（6=1+2+3）及 28（28=1+2+4+7+14）。

据说有一天，有人问毕达哥拉斯：“朋友是什么？”他回答:“另一个我自己就是朋友。”问话者很惊讶，他又详述，“这位另一个我自己，就像 220 之于 284。”220 之于 284 是什么？它们之间有着密不可分的关系……即它们的可除性：二者之中任一数，其因数的和等于另一个数，这就是两个亲和数的定义。毕达哥拉斯描述的这对是最小对的“朋友”。220 的因数除了它本身外，有 1、2、4、5、10、11、20、22、44、55、110，其和为

284。至于 284，其因数为 1、2、4、71、142，而其和正好为 220。

9 世纪时，阿拉伯数学家塔比·伊本·库拉（Thabit ibn Qurra）发表一项以亲和数为基础的理论（上图是 13 世纪经阿拉伯人修改整理的手稿）。

数学家们在做什么？

数学领域是一个包括对象、对象特性，以及与之相关的公理的领域。数学家们在此领域不断奋斗，例如建立同类型对象的分类，或者在不同类型对象间建立联系；或是同一对象不同特性间的关系。两种特性是否等值？这个是不是会产生那一个？等等。

一个数学问题常以公式的形式成为命题，并以问题的方式表达。当一位数学家努力设法达到一个地步，表达出一套可信服的证明，回答此命题的问题，该结论就变成此数学领域的一项公理。如果数学家根据这个公理在现在或未来再建立出另一个公理，那么之前的公理就变成了定理（théorème）。

简单的问题，答案往往很复杂

在数学领域，通常一个真正的“好”问题，是以很简单的方程式表示……然而，其答案却出奇的困难。算术已被证明是好问题的宝库。表达某问题的超简单方程式，往往掩盖了解决问题的极端困难性。

某些问题已提出来好几个世纪，然而却还在等答案。例如，以下的例子：孪生质数是否有无限？亲和数当中是否有无限大？是否有奇数的完全数？

我们发现，所有的自然数都能分解成质数，没有限制。我们是否能够把它分解成一些已知的质数的和，例如 2、3 或 4？ 1742 年的某日，法国数学家哥德巴赫（Christian Goldbach）寄了一封信给他

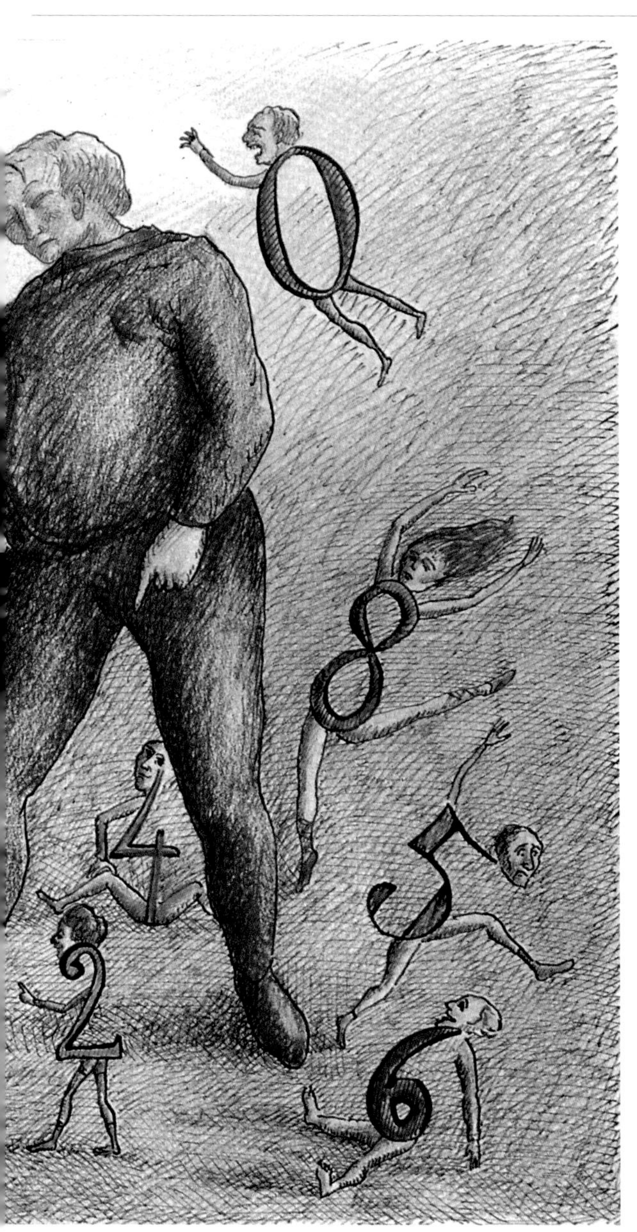

征服数？还没有一个伟人能做到。这个问题，对它的猜测与我们所解决的一样多。数的结构对数学家而言还是一个很大的未知数。各种不同的数学方法，包括代数、分析、拓扑学、几何代数学等，都是用于了解数字结构的方法。我们无须拟定神秘又模糊不清的数字，只要凝视它们令人困扰的结构，就足以找到我们所需的神奇。

的同事欧拉（Leonhard Euler），在信中，他主张、但却没有证明地表示："所有偶数（除了 2），都是两个质数的和。"例如：16=13+3 或者 30=23+7。两个半世纪之后，我们也一直不知道这项说法是否正确。至于奇数呢？我们已经证明所有够大的奇数（大于 $3^{14348907}$）都是 3 个或 3 个以上质数的和。

当数学家被一项主张的真实性说服，而仍无人能证明它时，这个主张便会冠以"猜想"之名。愈能抵得住、不被证明出来的时间愈久，它就变得愈有名。任何人若能使一项猜想"阵亡"，就保证能得到持久的名声。所有的数学家在其一生当中至少都会尝试着去解答这类猜想一次。一般而言，这类主张是很经得起考验的。

历代的数学家们以渐进的方式着手解决一项猜想，"一点一点地蚕食着"。如果发现自己无法发展出整个完整的一般证明形式，就会寻找某些情况，从中或能求得某个特定例子的答案，期待如此能够得出一般证明。

费马的猜测

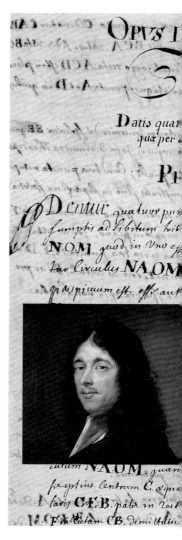

两个完全立方数的和，是否可能形成一个完全立方数？1640 年，法国数学家费马（Pierre Fermat）提出此问题并做回答。他在自己的著作中，曾确定地写下"对所有大于 2 的自然数，我们无法找出 3 个整数满足下列的情况：$x^n+y^n=z^n$"。

然而费马并未提出所需的证明，这项主张长期以来一直是个猜想，虽然实际上所有数学家心里都相信这个主张为真，可是，

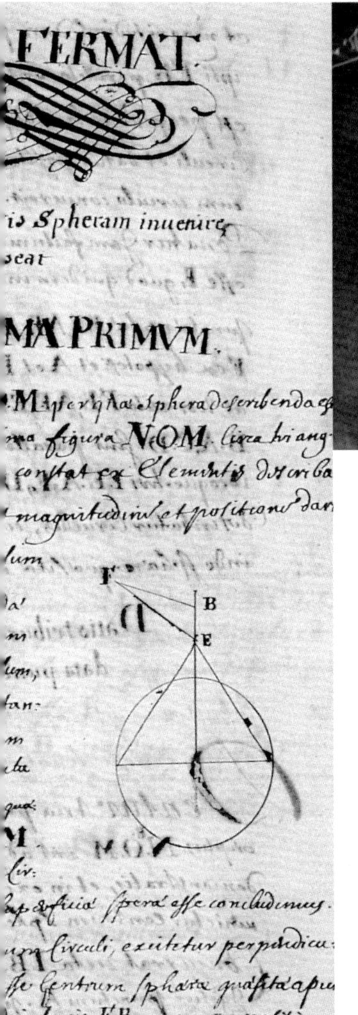

这还不够。只有验证才能够证明事实。费马自己及后来的欧拉都曾验证过 n=3 以及 n=4。之后，有一些数学家把这项推测一点点地扩大范围。直到 1987 年，布朗（Health Brown）证实“几乎全部 n 值”。然而在数学领域，“几乎全部”依然不是“全部”。一直到 8 年后，英国数学家怀尔斯（Andrew Wiles）才利用可大量处理信息的电脑和复杂的计算，把“几乎全部”推到“全部”。于是从 1995 年 5 月起，人们就将这个推测称为“费马定理”！

费马写道：“对这个问题，我发现一个巧妙的证明，可惜这里页边的空白太小，写不下了。”史上最伟大的猜测诞生了！1993 年 6 月 22 日在伦敦剑桥大学牛顿学会的数学会议上，怀尔斯对费马问题写下长篇大论来论证（上图）。尽管用了 1000 页的篇幅，仍旧不完整。怀尔斯还需要两年的时间来对此问题做更完整的证明。

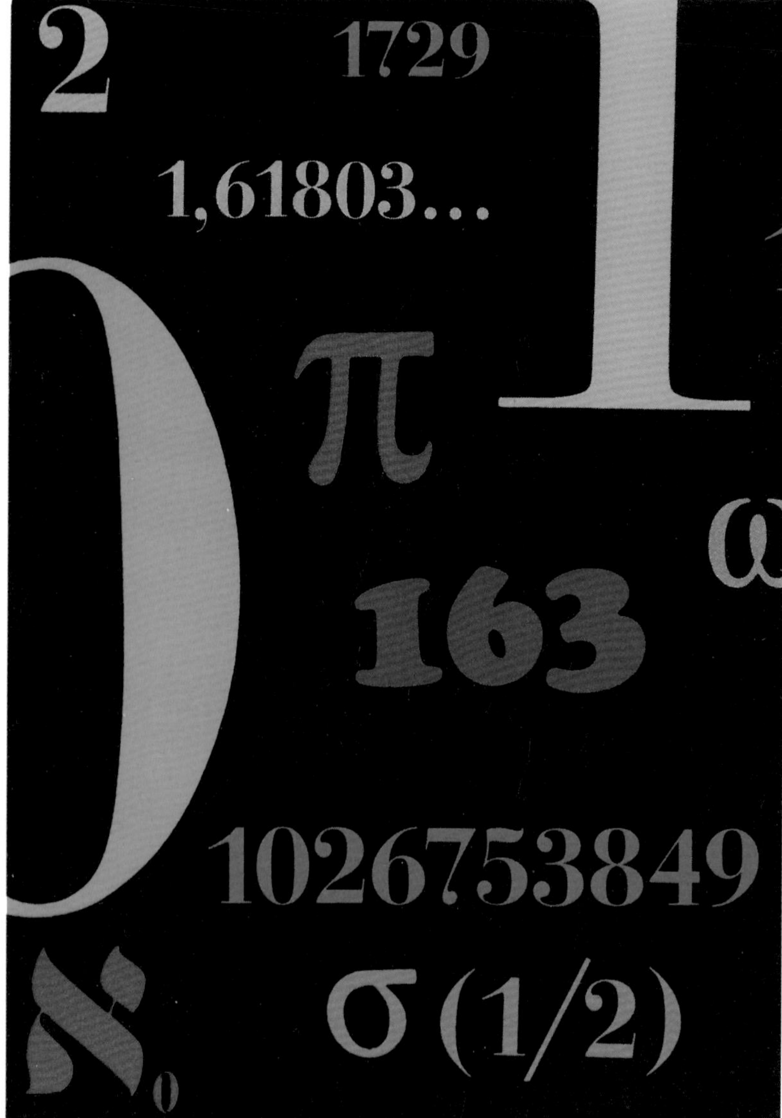
2
1729
1,61803...
π
163
ω
1026753849
ℵ0
σ(1/2)

自从开始计数之后，数的王国就未曾停止扩张。这条漫长道路仍未结束，每一次延伸都标示数的概念决定性的转变与进展。随着时光流转，数逐渐脱去计数的外衣，改换上计算的服装，步上从算术通往代数的道路。

第五章
扩张版图

"你说的'某一个数'是什么意思？我说'某一个数'的意思就是一个不确定的数，……也许希望精确确定既不尊重也不谨慎。"

阿尔方斯·卡尔
（Alphonse Karr）
《费加罗报》，1873 年

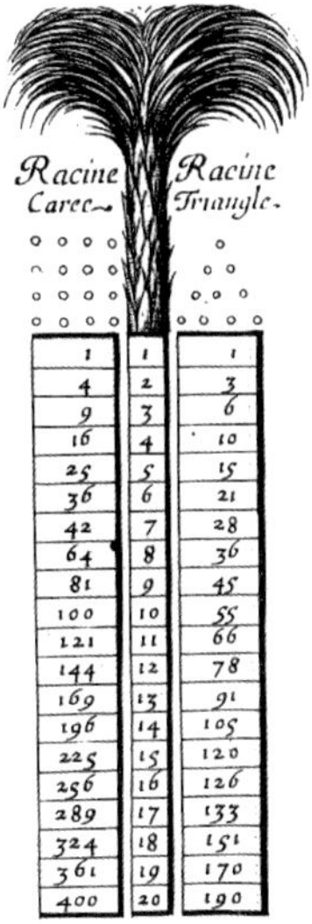

Racine Carree		Racine Triangle
1	1	1
4	2	3
9	3	6
16	4	10
25	5	15
36	6	21
42	7	28
64	8	36
81	9	45
100	10	55
121	11	66
144	12	78
169	13	91
196	14	105
225	15	120
256	16	126
289	17	133
324	18	151
361	19	170
400	20	190

负数是源自计账的需要

当我们在执行一项测量的研究工作，或者在处理几何度量值时，我们并未想到利用正数以外的其他数。试想，小于0的形式或物体会是什么？

不仅是巴比伦或埃及的计算学家没有察觉，希腊思想家也没有发现，即使在他们之后，阿拉伯数学家也没有负数的概念。

首先使用负数的是印度的数学家，他们从公元6及7世纪开始，为了会计上的需要，便开始使用负数。在会计分类账上，他们把负债记为负数，与记账法上资产的正数相反。事实上，负数脱离了一般实际财务目的，被发明了出来，于是抽象思想家开始探索负数的纯概念领域。

如果没有会计平衡的观念，会计账上的负债和资本以及其中的互相抵消就不会出现。同样地，如果没有之前零的概念，也就是会计平衡的基础，负数也不会存在。

通过计算法则，印度计算学家建立了一套学生熟知的“符号规则”：一、正数被零减为负数：$a>0$，$0-(+a)=-a$；二、负数被零减为正数：$0-(-a)=+a$；三、两个正数或两个负数的积或商是正数；四、一个正数与一个负数的积或商是负数。下图是一位印度商人正在算账。

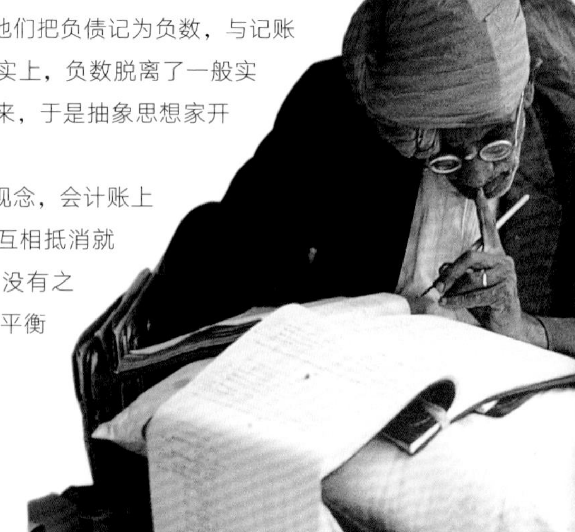

西方对使用负数采取保留态度

在印度数学家之后1000年，负数仍无法进入西方数的王国的大门。为什么西欧数学家从 14 世纪起便接受零，却不像印度人一般从这时期开始便接受负数？

或许问题出在概念，欧洲哲学中的唯物观难以接受负数。虽然负数的会计分帐已经被广泛使用，他们还是难以体认负数是一个数量——无法接受负数也是数，可以成为一个等式的解答（如同我们应该知道的，等式是代数的核心机能，从中，数和数字结构得以定义）。负数被当作不合逻辑的数（numeri absurdi）。法国数学家笛卡尔（René Descartes）把一个等式中非正数的根称之为“误根”（racine fausse）。而如果负数不是在 15 世纪文艺复兴时代出现于方程式中，则会出现得更晚。直到 17 世纪中叶，英国数学家沃利斯（John Wallis）才在一个曲线坐标图上标示着负数。

负整数、正整数和零形成了“整数”这个集合，一般惯例上记作 Z，而 Z={⋯，–3，–2，–1，0，1，2，3，⋯}。

印度伟大的数学家婆罗摩笈多（Brahmagupta，7 世纪）曾想利用颜色来象征方程式的各种未知数：黑色代表第二个，接着按顺序是蓝色、黄色、白色及红色。

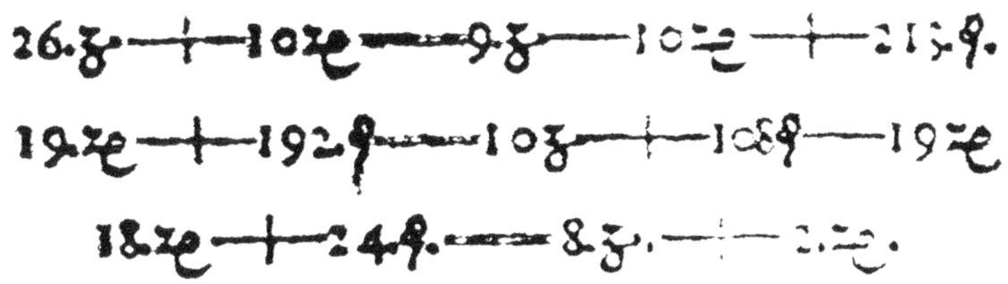

这些 x、y 及 +、–、x、=、√在我们眼中象征数学的符号，很难想象是近代才确立下来的。例如“=”这符号以前在希腊及阿拉伯数学中是不存在的；它是 1557 年由英国数学家雷科德（Robert Recorde）所发明（上图为其著作中的某一页）。我们很难想象这些象征符号的进展在代数的演进中占有的重要性。从文字描述到现今的方程式，我们尝试过多少种记法啊！

有理数，不连续数

两个整数之比的一般概念由古希腊早期的思想家毕达哥拉斯的追随者于公元前 6 世纪发展出来。巴比伦人及埃及人只使用其中几个我们称为分数（fraction）的数字，通常都小于 1，例如 $\frac{1}{2}$、$\frac{1}{3}$之类，还有几个常用的，比方 $\frac{2}{3}$ 。分数这个字来

自于拉丁文 *fractio*，译成阿拉伯文是 *kasr*，意为“不连续”；这些分数都是不连续数。分母用来定名，分子则用来计算所占部分。$\frac{2}{5}$指明是 5 部分中的 2 部分，也就是 2 个$\frac{1}{5}$。

整数加上分数成有理数集合，记作 Q。不同于整数，有理数不必然是单位的复数量。数量的概念因有理数而更拓宽复杂；从“记数”扩展为“衡量”。

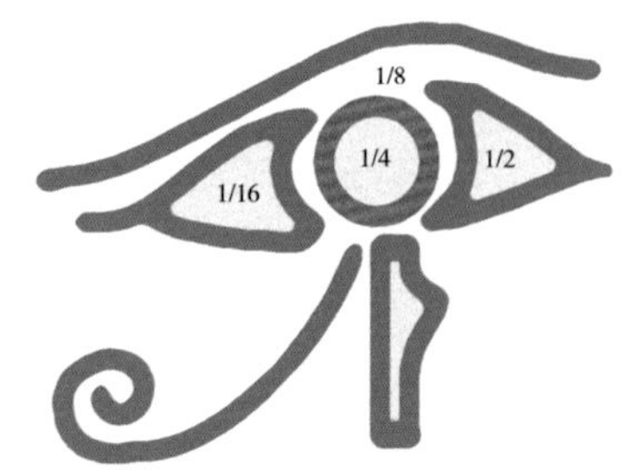

几何级数前几个$\frac{1}{2}$、$\frac{1}{4}$、$\frac{1}{8}$、$\frac{1}{16}$、$\frac{1}{32}$、$\frac{1}{64}$都以象形文字表示。经过巧妙安排，它组合成“贺鲁斯之眼”，即埃及鹰头人身神（最上图）。

《莱因德纸草书》（*Papyrus Rhind*）片段（上图及下图），为公元前 18 至前 17 世纪的数学文献。

对毕达哥拉斯而言，数支配着宇宙

公元前 6 世纪，意大利南部克罗托内（Crotone）的毕达哥拉斯学派发展为真正的数学神秘学派。他们认为数不只是单纯数量，还包含宇宙的所有元素：“数的原理就是所有物质元素的组成。”他们如此宣称。对他们来说，数就是整数及整数间的连接因子，主要功能即在于表示几何度量值。连接度量值和宇宙的数，因此被视为等同于数学关系。毕达哥拉斯学派把数和数学视为神秘术语，是哲学的分支，或是一种宗教思想的表现。后来几个世纪，少数数学家才不用这么迷醉的态度去看待数，数的理论始终是种深奥抽象理论的原则，

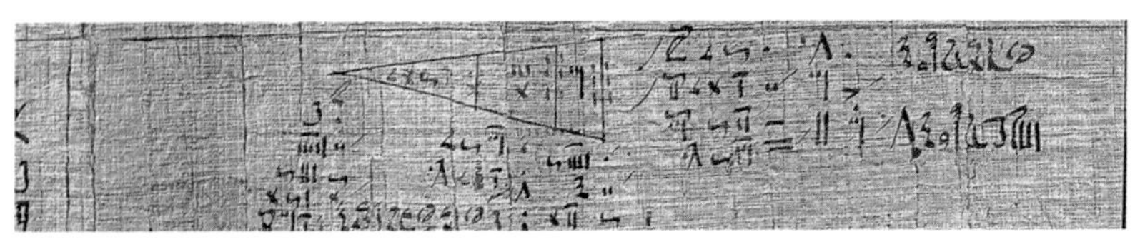

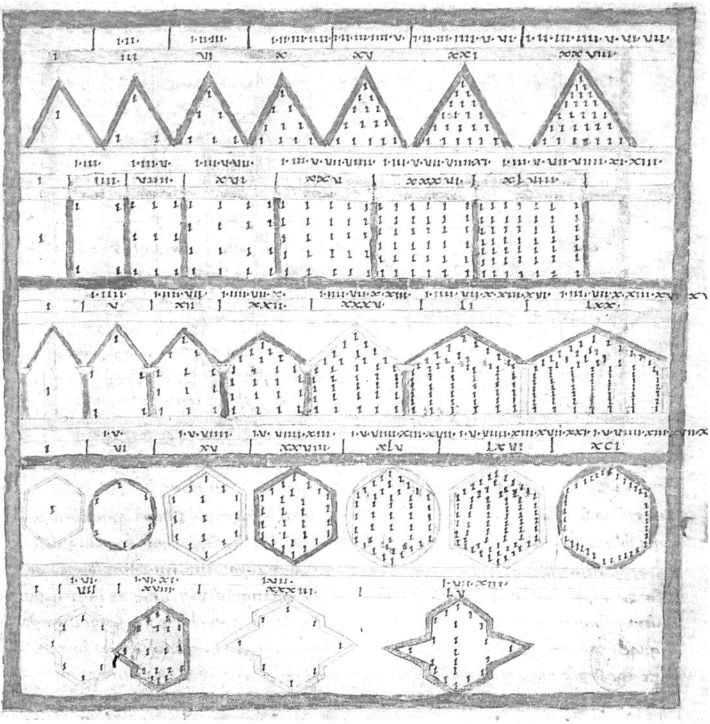

但或许失去了某些精神特质。

毕达哥拉斯学派梦想着完美，但宇宙数学秩序却被数学本身给猛烈打破，数学发展出来的问题无法见容于希腊人欣赏的有秩序的解答。失序是源于古老世界最关键的几何图形：正方形。这一断裂却是借由毕达哥拉斯自己的著名的直角三角形理论而形成：那就是在直角三角形中，斜边长度平方值等于另外两股平方之和。若 a、b 是直角三角形的两股，c 是斜边，则 $a^2+b^2=c^2$。

这结果以不同方式表示，早在公元前 18 至前 16 世纪即为巴比伦誊写员所熟知，比毕氏定理早 1000 年以上，却在

毕达哥拉斯学派结合数字和几何图形，而几何图形是借由点的规则设计而得，其和就组成所代表的数。它包括三角数 1、3、6、10……平方数 1、4、9、16……长方形数 1、6、12……上图图示法的数都经罗马哲学家波伊提乌（Boethius）于 5 世纪时复核过。

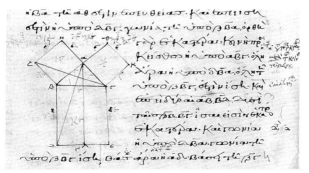

希腊人并未发现"毕氏定理"（下图为毕达哥拉斯半身像），却是首先提出证明的人。左图在欧几里得的论证中，中间是直角三角形，下方是大正方形，其边为三角形的斜边。上面有两个正方形，其边为三角形直角的两边。我们证明了大正方形面积等于两个小正方形面积的和。

公元前 6 至前 5 世纪由希腊人提出精确证明。此结果的相反情况也是真的。它在几何性质（是直角三角形）及数的性质（斜边等于两股平方和）间建立相等值，于是在几何与算术间、数与量值间构成相互必然的关联。

上图的正方形有两个长度：边及对角线。若已知边的长度，对角线的长可通过毕氏定理得知。假设正方形边长是 1，将正方形划为两个相等的等腰直角三角形，那三角形斜边就是正方形对角线。故斜边长——即对角线——的平方值应该就等于 2。毕达哥拉斯也证明：没有有理数的平方值为 2。相反地，若正方形对角线为 1，则此正方形一边长度的平方就是 $\frac{1}{2}$。没有任何一个有理数的平方值为 $\frac{1}{2}$。

这里证明同一正方形的边与对角线无法达成共同的测量法则！如果有个数代表其一，则在同一个测量系统里没有任何一个数可代表另一个！正方形的边和对角线因此称为不可通约的（incommensurable）。不可能同时得出两个数。但它们却一起呈现在我们眼前：一个简单、完美且坚实的几何形。正方形的这项事实毋庸置疑，而且它显然超出了整数的容量。

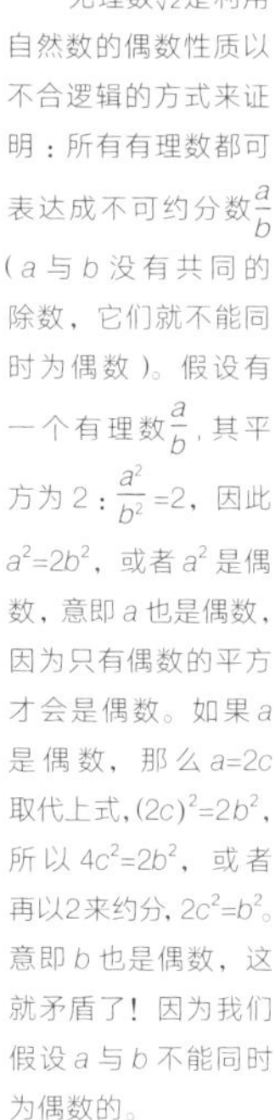

无理数$\sqrt{2}$是利用自然数的偶数性质以不合逻辑的方式来证明：所有有理数都可表达成不可约分数$\frac{a}{b}$（a与b没有共同的除数，它们就不能同时为偶数）。假设有一个有理数$\frac{a}{b}$，其平方为2：$\frac{a^2}{b^2}=2$，因此$a^2=2b^2$，或者a^2是偶数，意即a也是偶数，因为只有偶数的平方才会是偶数。如果a是偶数，那么$a=2c$取代上式，$(2c)^2=2b^2$，所以$4c^2=2b^2$，或者再以2来约分，$2c^2=b^2$。意即b也是偶数，这就矛盾了！因为我们假设a与b不能同时为偶数的。

有理数不再代表整个世界

对于理性的毕达哥拉斯学派来说，这是个可怕的结论：理论不能解释事实。这些逃避数字的几何量被定义为*alogon*，即不可表达的量。这些几何量没有既定的数字语言可以称呼。

即使我们承认，平方为 2 的长度无法以任何数来表达，也还是要处理这个事实。为了重建这个摇摇欲坠的数学建筑，希腊人发展出一套内部理论，只跟无理数的度量值有关。他们在度量间建立一些比例，却拒绝称之为数。

a
c
$a^2+b^2=c^2$
b

两千年后，数学家才为这些引起纷乱的存在达成定义：这些平方为 2 的（引起这一切纷扰的开始）都被命名为“无理数”，称为 2 的平方根，记为$\sqrt{2}$。（$\sqrt{}$这符号称为平方根）。这么一来，有了新的标签之后，这类存在才加入了数的王国。

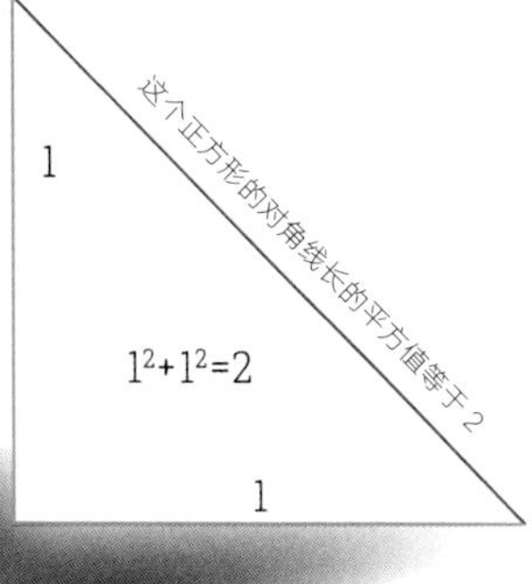

Canon per Augmentationem in Contrario Motu

(Très rapide)
(librement)
f sub
pp
(sim.)

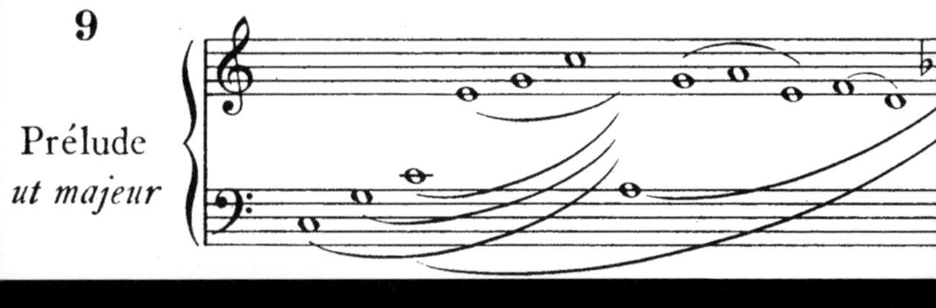

音乐的进行与节拍有关。一节音乐有一个可测量的长度。每个乐谱一开始有一个分数，代表两个小节线间拍数的分子及单位拍子值的分母。所以，全音符写成1，二分音符为2，四分音符为4，等等。每个拍子的值都可被2均分（一个全音符等于2个二分音符，又等于4个四分音符），例如 代表基本节奏是4个四分音符，$\frac{3}{4}$为3个四分音符；$\frac{6}{8}$为6个八分音符。在每小节中，节奏的安排是有变化的。例如在巴赫（Bach）的《卡农》（*Canon*；上图）中$\frac{4}{4}$（或c），我们可在第一小节发现2个八分音符、1个二分音符及1个四分音符（合起来为四拍），第2小节则有1个八分音符、2个十六分音符、1个二分音符及1个四分音符（合起来有四拍）。某些韵律的发展并不用小节，那是在现代乐谱的情况下（中图），此时，节奏单位是已知的律动（例如1个四分音符等于160）。在巴洛克时代［下图是库普兰（Louis Couperin）乐章的一节］，不整齐的乐谱很常见：留给诠释者很大的自由空间。

小数，带有小数点的数

有理数除了以分数的形式来表示之外，也可以用另一种方式来表达，即小数。例如写成 0.5，而 0.333…则表示 1/3。这是在 15 世纪时，波斯数学家兼天文学家阿卡锡（Al-Kashi）在他所著的《数学之钥》（*Miftah al-hisab*）中，大力推展数以分数的写法来表示，他是撒马尔罕天文观测站的负责人。在西方，是荷兰数学家斯蒂文（Simon Stevin）在《论十进》（*La Disme*，1585）一书中介绍小数的用法。

某些分数具有一种惊人的特质，就是写成小数形式时：分子除以分母的结果，其小数点后的某几个数字以同样的顺序重复出现。最有趣的是，在周期结束时，立刻出现与开始时完全一样的数字。因此，在一段时间之后，有理数的小数是可预期的，并不须演练就知道。这类小数就叫作循环小数。

但无理数就不同了，在此情况下，小数点后没有任何数字是可预期的，也没有任何模式浮现。若想了解，则必须要在所有计算都完成后才可能知道。没有无理小数能以循环小数的方式表示。因此，除了难以用连续的数字表示无理数之外，这个不可能达成的情况也显示出有理数与无理数之间最基本的差异。

952 年，阿拉伯数学家阿乌克里西（al-Uqlidsi）写道："借由'1'的一半是一个数的原理，我们可用'0.5'来取代'一半'。" 1427 年，阿卡锡（左图，手稿）定义小数分数提出一个简单的记号，并建立一些规则来计算小数，决定小数点的位置。在西方基督教世界，这些分数就像"土耳其分数"一样有名。

omme (par le 1 probleme de l'Arithmeti-
, qui ſont (ce que demonſtrent les ſignes
mbres) 941 ⓪ 3 ① 0 ② 4 ③. Ie di, que
ont la ſomme requiſe. *Demonſtration.* Les
② 7 ③ donnez, ſont (par la 3e definition)
$\frac{7}{1000}$, enſemble 27 $\frac{847}{1000}$, & par meſme
⓪ 6 ① 7 ② 5 ③ vallent 37 $\frac{675}{1000}$, & les
8 ② 4 ③ feront 875 $\frac{782}{1000}$, leſquels trois
me 27 $\frac{847}{1000}$, 37 $\frac{675}{1000}$, 875 $\frac{782}{1000}$, ſont
r le 10e probleme de l'Arith.) 941 $\frac{304}{1000}$,
aut auſſi la ſomme 941 ⓪ 3 ① 0 ② 4 ③,

实数代表连续性

为弥补无理数在表示测量值上的不足，数字领域再次扩展。9 世纪，阿拉伯哲学家阿尔·法拉比（Al-Fârâbî）推广有理数与正无理数的概念。200 年后，波斯诗人数学家海亚姆（Omar Khayyâm）则建立了数的一般理论。

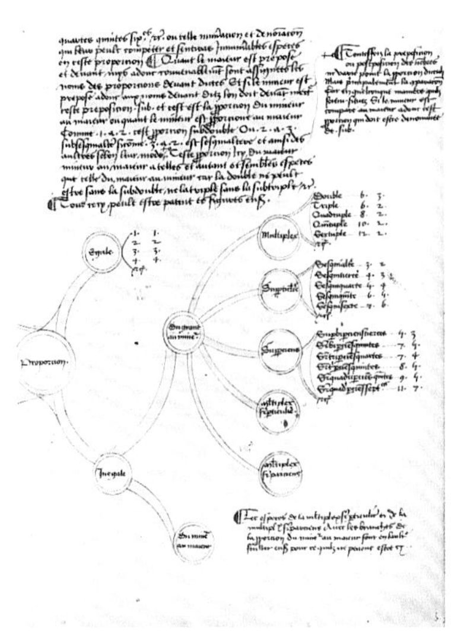

他在有理数外加入了一些元素，为的是要使所有度量都能被测量，于是得出有理数和无理数，这个集合称为“实数”，记作 R。然而，尚有一个困难点：从有理数转变为新数，并无法以一般的计算法（例如减法、除法）来完成，如

之前的例子那样。原因是什么？就是在有理数与实数之间有一最大的差异，那便是：连续性。

从下列的描述图形，我们可以对实数有一个很清楚的观念：一个实数线上有原点 0 及实数。

实数的连续性可以被直接地理解，因为实数线完全被填满，而没有任何一个“空洞”。在实数线上点 A，有一个而且只有一个对应实数 *a*，反之亦然。符号（+ 或 –）代表着轴的方向，数目（没有符号）则代表其长度。同时，边长为 1 的正方形其对角线，也对应着一个实数，其测量值为 $+\sqrt{2}$。同样地，直径为 1 的圆形，其圆周为 π。

要到 19 世纪末，人们才形成连续的观念，并对实数集合做出令人满意的定义。

方程式，数的伟大提供者

要如何制造新数呢？利用方程式即可。一个数可被当作一个既定方程式的解。例如：自然数 4，它就是方程式 $x-4=0$ 的解。

那么 $x+4=0$ 的解是什么呢？那就要看情形了。如果规定 *x* 是自然数，就找不到解。相反地，如果我们希望这方程式无论如何都有个解，那就要扩大可能的范围，并建构新的数来找寻可能的解。由 N（自然数的集合）开始进行“延伸”。我们同时也制造 –4 这个新的数学实体，它与自然数 4 的关系为 $4+(-4)=0$。而所有负整数的定

77 页图摘自荷兰数学家斯蒂文的《论十进》，以及法国数学家许凯（Nicolas Chuquet）的《数字科学三部曲》（*Triparty en la science des nombres*，1484）。

代数的方程式理论于 9 世纪在巴格达产生。而这个词与这门学问首次出现于花剌子米 825 年的著作：*Kitab al jabr i al muqabala*，意思是“移项及集项”。*al jabr* 意为恢复平衡，后来转变为 algèbre（代数）。希腊人丢番图（Diophante，4 世纪）曾预示过该学科。它在阿拉伯世界发展超过 600 年，之后于 16 世纪被意大利数学家塔尔塔利亚（Nicolò Tartaglia）及卡当(Cardan）等人复兴。

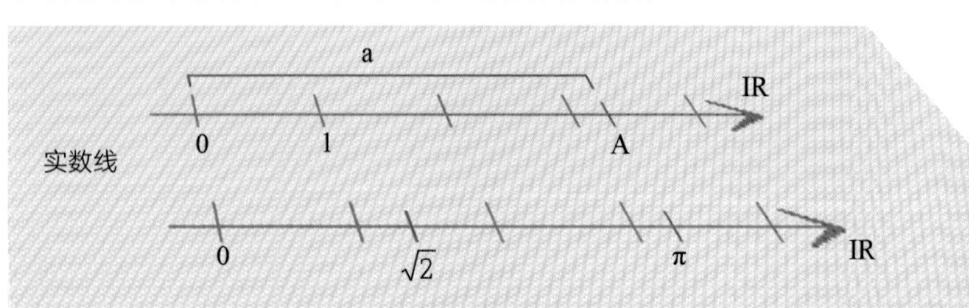

义即所有类型方程式 $x+n=0$ 的所有解答，其中 n 为自然数。

以同样的观点来看无理数 $\sqrt{2}$，可以视为是方程式 $x^2-2=0$ 的两个根之一。

因此（$\sqrt{2}$）$^2-2=0$。另一个根为 $-\sqrt{2}$；因为（$-\sqrt{2}$）^{2} 也等于 2。

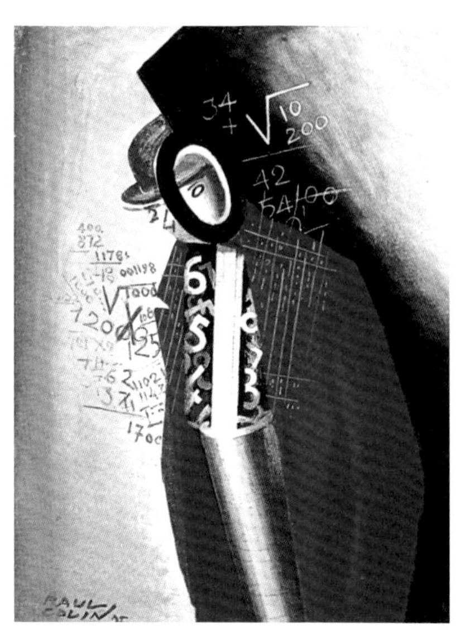

上图是科林(Paul Colin）为赖斯（Elmer Rice）1927 年的戏剧《计算机》画的海报（上图）。会计员经过 25 年忠诚良好的服务后，因计算机的取代而被辞退。他精神失常，犯下谋杀罪。今天，计算机普及，运算的技术已不存在。谁能用手计算来求某数的平方根呢？

平方不可能是负的

接下来，我们可以看看方程式 $x^2+1=0$，它的解是什么？如果有解，那么这个数的平方应该为 -1。然而，所有实数的平方都是正的。因此，方程式 $x^2+1=0$ 的根就不在 **R** 的范围内。尽管如此，如果我们希望它总有个解，就必须再发明一个新数，而此新数的平方是负的。它们可能会是什么样的情况？其特性是如何呢？

数学领域里，我们永远都可定义新的东西，但一个数学数字其存在必须和其他数字有共存性，不能危及原本就已存在的数字，也不能危及已经建立的结果。否则，将会导致严重的矛盾性而毁掉整个架构。

我们把一些未曾用过的数加到实数系里，以此来产生一些平方为负的数。如此，我们把一个新的东西加在实数中：i，这是一个想象的数。接着我们要定义它的运算方法（+、-、× ……），这样才能计算。例如：$i+i=2\times i$。值得注意的是：$i^2=-1$，而 i 是什么？莱布尼茨回答：“它是想象中负数的根。” i 的平方等于 -1。由于不是实数，其存在就不会与实数世界的任何一个理论相冲突，数学家假设这个实体是一个数。

部分实数，部分虚数

在 i 之后，我们又制造了复数，形成了集合 C。根据所有成对实数 a 和 b，我们把复数 z 定义为 $z=a+ib$，a 是实数部分，而 b 则是虚数部分。这些有理数变成特别的复数，在虚数部分的 b，它是不存在的。至于复数中，实数部分的 a 若不存在，就构成了纯虚数：$z=ia$。纯虚数的平方为负数：

$(ia)^2=i^2a^2=(-1)\times a^2=-a^2$。

每个正实数 a 都有一个“相对应”的负数 $-a$。每个实数 a，也有它相对应的虚数 ia。由此我们可看出平方为正的数与平方为负的数，事实上是一样多的。

左图是文字画家布劳（Jean–Louis Brau）的作品《完全平方》。字母派创始人伊苏（Isidore Isou）在 1968 年时曾写过《含糊数字的数学简介》。

为了要让这些新数存在，这条道路好长，长达 3 个世纪。1545 年时，卡丹（Jérôme Cardan）首先突破禁令写下一个负根：$\sqrt{-15}$。这是为了要确定某一方程式不可能的根，然而，他却开出了一条路。

1777 年，欧拉引用了 i 的符号而取代$\sqrt{-1}$，并被高斯所采用。他们都遵循于 1672 年由意大利数学家邦贝利（Raffaele Bombelli）

意大利修士数学家帕乔利（Luca Pacioli）的右手是几何学，左手是本算术书。《算术大全》（*Summa arithmetica*，1494）收录他那时代的数学知识。

$$\phi = \sqrt{1+\sqrt{1+\sqrt{1}}}$$

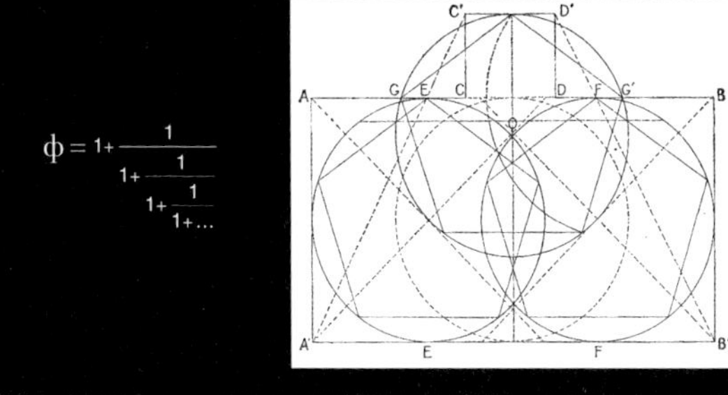

$$\phi = 1+\cfrac{1}{1+\cfrac{1}{1+\cfrac{1}{1+\dots}}}$$

和谐也表现在数字上。不论在绘画或建筑空间上，还是在声音的领域里，我们试图在数的语言中表现和谐。而视觉上的美就藏身在最美好的数之中：黄金数（golden number）：$\phi = \frac{1+\sqrt{5}}{2}$，为方程式 $x^2-x-1=0$ 二根中的一根，其十进制数值为 1.618。从埃及金字塔或希腊建筑，一直到意大利画家拉斐尔或达·芬奇，从法国画家普桑、塞尚到柯布西耶（Le Corbusier）的作品中都可见到。左页是 15 世纪佛兰德斯画家维登（Rogier van der Weyden）的《耶稣下十字架图》。总之，这黄金数充满本领；我们可赋予它各种不同的表现方式，也就是说它适合表现各种现象。这多样性塑造出一个不凡的数，解释了它引发的迷惑。如果小部分对大部分与大部分对整体有相同的比值，那么，三个点 A、B、C便可形成黄金分割。

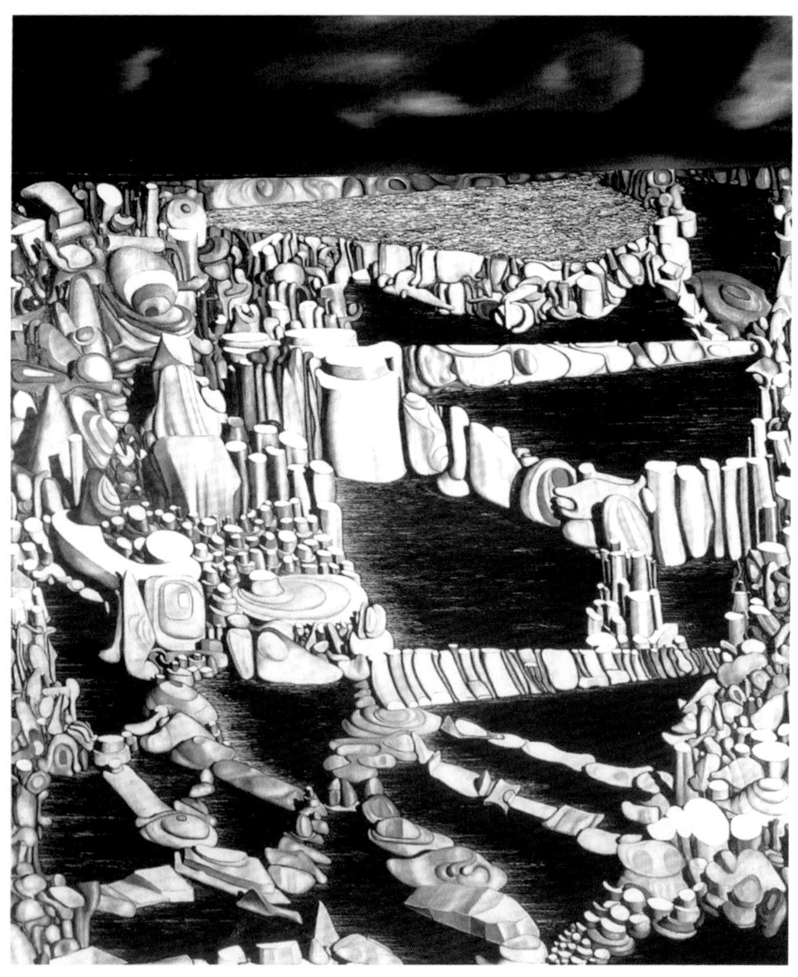

所提倡的 *piu di meno*，也就是 i 的前身，他在一小段故事中表达了 i 的用法："*piu di meno via piu di meno fa meno*"，规则类似于："$i \times i$ 是负的"。

"忘掉使你心理受折磨的事，然后介绍这些程式中的量吧（程式的负数根）。"

卡丹（Jérôme Cardan）[上图为唐吉（Yves Tanguy）的想象图]

复数平面

丹麦数学家韦塞尔（Caspar Wessel）于 1797 年与日内瓦人阿尔冈（Jean Robert Argand）于 1806 年，分别提出了一项表达复数的图形。就像实数是借由实数线表达，负数也可以在复数平面上表达。由于一个复数是一个实数和一个虚数的复合体，因此可以在一个等同于实数线的二度空间平面图上表示。复数平面由两个轴所定义，一个是实数轴，与之垂直的则是虚数轴。其上的任何一个点都是一个负数，在此平面上不单只有一个方向，而是有无穷个方向。

复数 $z=a+ib$ 在复数平面上以向量（Vecteur）的方式表示。这个概念同时也具有很大的意义：它同时结合了度量值以及其方向这两个概念，打开了复数应用领域的大门。特别值得一提的是，在物理学上，复数好几个世纪以来都被运用在电力的计算上。

相反地，我们所失去的是比较两数之间大小的可能性。两个实数是可以比较的，某数一定大于或等于另一数。然而，此项法则在复数就行不通了。z 与 z' 两个复数，可能是 z 不大于、不小于，也不等于 z'，它们之间无法单纯地做比较。

每个复数（a,b）对应于复数平面以 M 点表示。i 并未坐落在实数轴上，而是被置于另一轴，相对于原点的某一距离，以（0，1）来表示。如果要计算复数，就要对运算法则加以定义，其加法与乘法如下：$(a, b)+(c, d)=(a+c, b+d)$　$(a, b)(c, d)=(ac+bd, ad+bc)$。至于计算 i 的平方，依照复数乘法的定义，我们发现 $i^2=(0, 1)\times(0, 1)$，也就是（–1，0）。然而（–1，0）是实数 –1。真是完整的循环！对于平方为负的这个想象所形成的形式体系，可直接通过计算的概念而得到。

“神圣的精神在这个美妙的分析法中以崇高的方式表现出来，这项理想世界的奇迹，这个介于存在与非存在的中间物，我们称为负数的虚根。”

——莱布尼茨

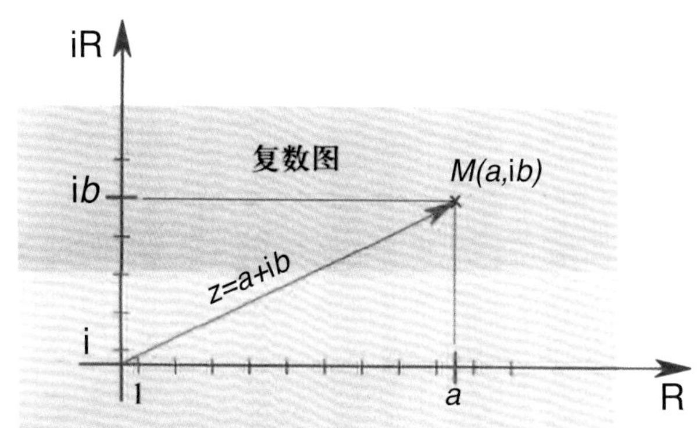

数学家所感激的复数

在面对以下的方程式：$a_0+a_1z+a_2z^2+a_3z^3+\cdots+a_nz^n=0$ 时，我们称之为多项方程式。这些系数 a_0、a_1、a_2……a_n 都是有理数所“制造”出来的数的集合：即这些方程式之一的复数根的集合。我们称这些数为代数数。$\sqrt{2}$ 就是一个代数数（为 $x^2-2=0$ 的根）。非实数的复数也是代数数；例如 i（为 $x^2+1=0$ 的根）。如果有复数不是前面所述任何方程式的根，那么我们就把此数称为超越数。

数学家们对复数心存感激，在数学领域，他们有一个很伟大的理论，称为代数大定理：所有 n 次多项方程式会有整整 n 个复数根。根与方程式的次方一样多；关于根的数目，我们无法找出更简单且更令人振奋的结果。例如：此理论确定了所有二次方的方程式，不只是有解，而且其解只有两个。

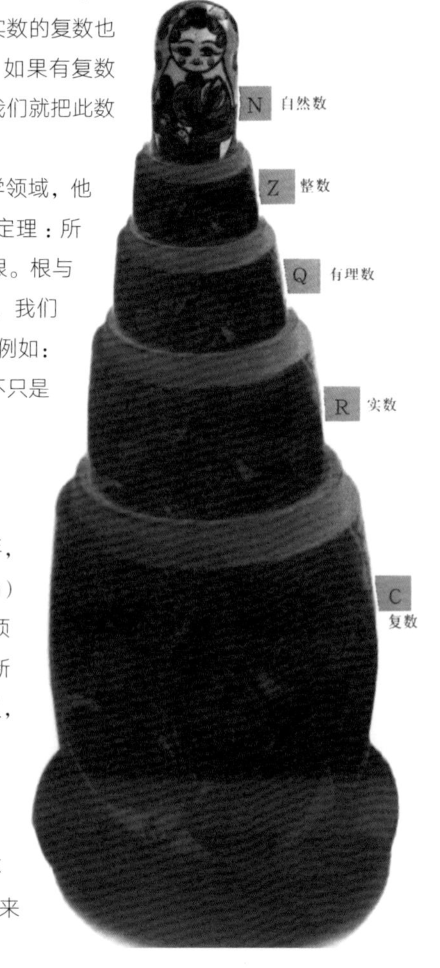

从复数衍生出其他数

数的王国并不打算关门。1843 年，数学家汉弥尔顿（Wlliam Rowan Hamilton）刚刚指出复数的特性，又创造了另一项超复数：四元数（Quaternion）。这些新数是复数的推广，由四个实数所定义，而复数却只由两个实数所定义。

然后轮到亨塞尔（Kurt Hensel），他在 1902 年时创造了 p 进数（p-adique），他以一种与定义实数完全不同的方法来使有理数完备。p 进数被用来证明费马定理。

环顾 π

另一个几何关系也一直是数学家们的大问题。从远古时代起，计算者就观察到所有的圆形都有某些共同的特性：其直径与周长之间有相同的比例。这种关系，是否能以某数（有理数）来表现呢？也就是说，我们是否能确切知道这两个长度之间的关系？或者是仅能得到某些近似值？在后者的情况下，我们能否得到最佳的近似值？

下面程式，$a\neq0$，可得二次方程式 $ax^2+bx+c=0$ 的两个实数根——如果这两个实数存在。数学家从未停止利用传统代数四则运算法，来寻找类似但次数更高的方程式的根。两位年轻的数学家：挪威人阿贝尔（Niels Abel）及法国人伽罗瓦（Evariste Galois，左图）分别于 1826 年 及 1832 年证实在高次方或五次方的方程式下，找不到根式解。他们解决了一个困扰数百年的问题。

一直要到 17 世纪时，这个关系才变成一个数；这个数就是我们所谓的"π"，它从圆周而来，希腊人称之为圆的周长。

公元前 2000 年，对《旧约》中的犹太人而言，圆周是直径的 3 倍。公元前 1700 年，最古老的数学文献之一《莱因德纸草书》中，誊写员阿美斯（Ahmes）为求得内接方形的圆面积估计值，换算结果的值是（$\frac{16}{9}$）^{2}=3.16049…，120 年，中国数学家张衡得到的关系值是（$\frac{142}{45}$=3.15555…）。公元前 3 世纪时，阿基米德提供的不是一个值而是一系列框架，这个构思，使得他能够把此关系"固定"在两个分数之间。他写道："所有的圆，其

周长比直径的三倍又七分之一还少，可是比直径的三倍又七十一分之十还多。”值得一提的是，所得到的关系是介于 $3\frac{10}{71}$ 和 $3\frac{1}{7}$ 之间。而 $3\frac{1}{7}$ 就是我们所熟悉的$\frac{22}{7}$，这个分数于计算机发明以前在学校里很通用。

在印度，约 500 年，数学家阿耶波多

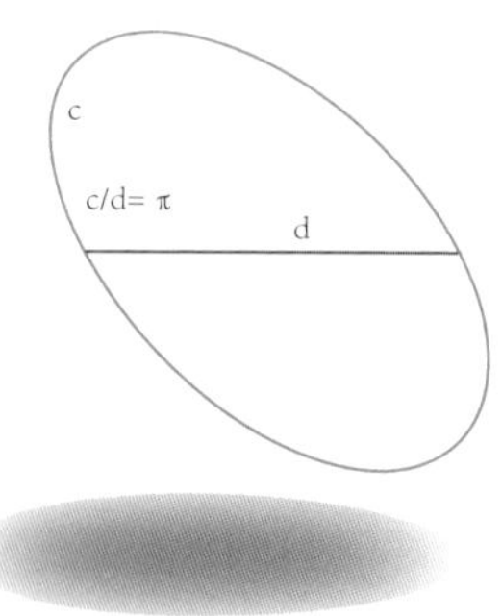

（Aryabhatta）提出了 $\frac{62832}{20000}$（3.1416）。1000 年后，就出现了一些漂亮的公式，可以表达 π。

沃利斯在偶数与奇数的双倍上作应用，提出一个奇怪的分数：

$$\frac{\pi}{2}=\frac{2\times2\times4\times4\times6\times6\times8\times8\cdots}{3\times3\times5\times5\times7\times7\times9\times9\cdots}$$

莱布尼茨则只单单把奇数应用在加法与减法的交替上：

$$\frac{\pi}{4}=1-\frac{1}{3}+\frac{1}{5}-\frac{1}{7}+\frac{1}{9}-\cdots$$

最后，塔马拉（Tamara）与加那答（Kanada）这两位数学家则开发了一种方法计算 π 小数点后的前 1600 万位数！

关于阿基米德在马塞卢的军队占领锡拉丘兹期间被杀的故事，普鲁塔克讲了三个版本。这是其中之一，由托马斯·德乔治（Thomas Degeorge）绘制。

右图为 π 小数点后面的一些位数。如果你足够耐心，会发现这些数字的出现没有规律可循。

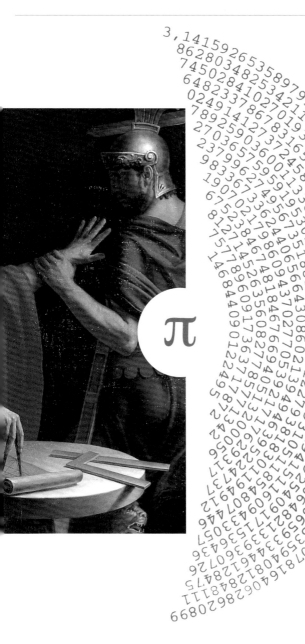

不可能化圆为方

虽然要证明正方形的边长与对角线之间的比率无法以有理数表达颇容易，但要证明圆形的周长和直径的关系也是同类的无理数却很困难。一直到 18 世纪后半叶，数学家兰伯特（Johan Heinrich Lambert）才建立了 π 的无理性。此后，任何想把 π 表达成分数，或期望有循环小数出现的希望，就完全消失了。

一个世纪后的 1882 年，林德曼（Ferdinand von Lindemann）提出 π 是个超越数。这个结果于是明确解决了数学最古老的问题之一，也就是不可能化圆为方。借助尺及圆规，我们是否能建立一个与圆相同面积的正方形？尝试结合这样的结构不计其数，结果完全被打败了。为什么？因为没有任何一个超越数可以用尺及圆规来建构。化圆为方于是被证实是不可能的。

镜子的另一边

迫于需要，一些数学家胆敢写下并做了一些不被允许的事情，借此超越自己那个时代的数学领域，他们如同穿越镜子，进入另一个负数、无理数、虚数的世界中，然后再回来。

然而，“没有纯粹的圣经”，在诗歌及文学上如此，同样地，数学也没有。当我们在写“不可能”的同时，也是提出存在的问题。这是开辟了

科林为拉威尔（Maurice Ravel）的梦幻剧《孩童与魔法》（1939 年）的角色所设计的服饰。

“化圆为方。”这句话表示坚持希望实现某些不可能的事。

HISTOIRE
DES RECHERCHES
SUR LA
QUADRATURE
DU CERCLE;

Ouvrage propre à inſtruire des découvertes réelles faites ſur ce problême célébre, & à ſervir de préſervatif contre de nouveaux efforts pour le réſoudre :

Avec une Addition concernant les problémes de la duplication du cube & de la triſection de l'angle.

法国现代数学史家蒙蒂克拉（Jean Étienne Montucla）的著作（左图）探讨了历史上试图解决圆周的问题，直到18世纪末都还引起极大兴趣。

化圆为方、把角三等分及倍立方体（制作一个立方体使其体积为已知立方体体积的两倍），是古希腊数学家的三大问题（下图是依据欧几里得而作的化圆为方）。此三大问题没有一项可能获得解答，但是希腊人始终不知道。

尝试证明的新问题域；在数学领域，这表示去构思一项理论，此理论以书写表达一个既定目标。

不合逻辑的、被中断的、不合理的、不可能的，虚数、实数、复数、超越数、超限数、超现实……人类不停地在每个时代替数命名，这些形容词道尽了我们与这些被称为“数”之物的关系本质。

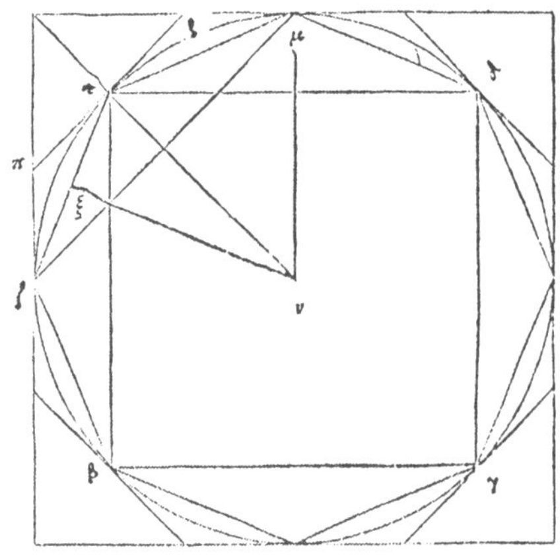

Packing—Paint

1、0与无穷大是数的王国奠基的三部曲。0这个数字于5世纪发明于印度。无穷大则直到19世纪末才被精确定义。0是独一无二的，而无穷大则有无数个。数学上，只有一个方法变成一无所有，但成为无穷大的可能性却有“无限个”。“没有什么可以约束我们去创造新数。”无限数的创造者德国数学家康托尔（Georg Cantor）如此警示着。

第六章
从0到无穷大

要花上数千年才能让纯然的无与无穷尽都能“被计算”，也让我们的数的王国从1过渡到其他。左图是美国画家约翰斯（Jasper Johns）画的0。

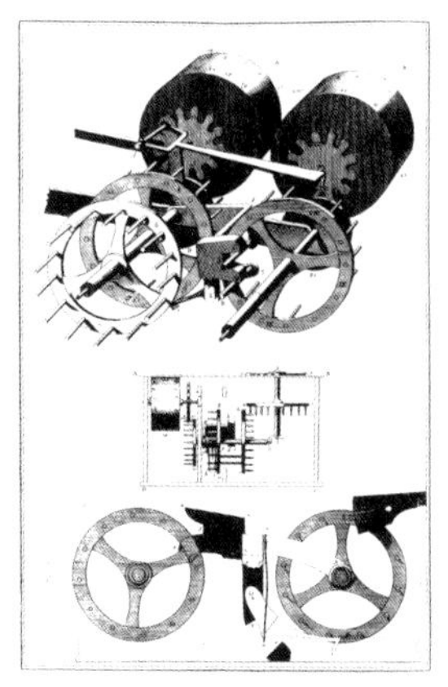

1，众多的根本

大部分数字系统没有0，而且也只有一种形式的无穷大，但没有一种数字系统能够没有1。没有了1，数本身就无法存在。如果在数字系统中有普遍性的话，也就是这个1。

一切都是由存在开始："某样东西如果存在，它就是一个东西，而它也只能以一个东西存在。每个存在的事物借由单位的概念，而被称为1。"这是欧几里得在《几何原本》中为算术下的最初定义。

接着是复数，以两种面貌呈现。当它没有被限定时，它是 *plêthos*（希腊文，多数、众多之意），而非特别知识的对象；如果被限定，那么它就是一个数，称 *arithmos*（算术之意），其知识构成算术这门学问。"一个数是由许多单位组成的集合。"这是欧几里得提出的第二个定义。

重复计数令人精疲力尽。由1出发选取一些数作为底数：10、12、5、20、60，高阶的单位可以减轻计数操作的繁琐。

对古希腊人而言，1并非数，但数却经由它而存在。1是构成复数不可避免的首要物件，长久以来与复数处于对立状态。直到失去绝对的独特性后变成一个数：第一。

"每个数都是从'1'而来的概念，不管是什么都必须小心与数'1'区别开来，就像月亮的概念应与月亮本身不同一般。"

德国数学家弗雷格（Gottlob Frege）《算数的基本规律》，1893年

对多数希腊思想家而言，"1"并不是一个数，而是实际存在的物体。数是从"1以上"开始的。下图《1》是插画家埃尔泰（Erté）的画作。

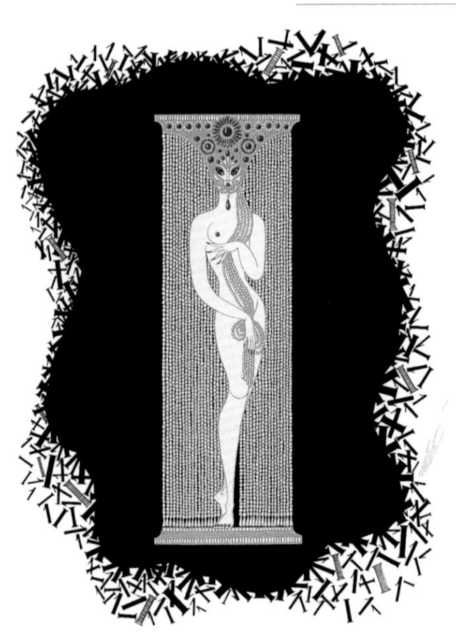

0，三个阶段和三个地点的历史

瑞士心理学家皮亚杰（Jean Piaget）曾写道："当我们第一次在物体上寻找数时，数的系列是由1开始。然而，让0当成第一个数，意味着数脱离物体而抽象化。"0

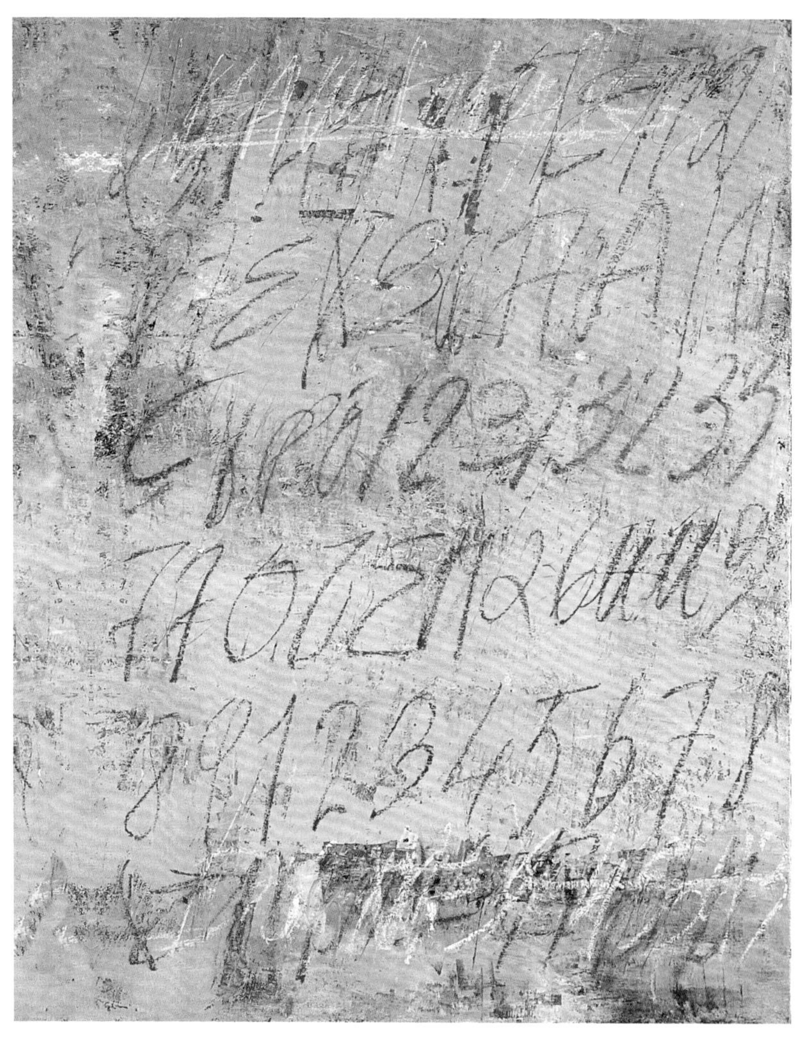

布拉沃（Justo González Bravo）的《无题》。

走过一条漫漫长路才达到这个概念。为了变成我们今天所知的数，它经过了 3 个阶段：记录符号，数字，最后才是实际的数。

运算符 0。在此，0 是个功能性的、有用的符号，本身不是数字。若它置于某一数字的末端，它便使此数成倍数（如果此计算式以 10 为底数，则成为 10 倍）。例如在 123 后面加个 0，就成为 123×10=1230。

数字 0。在此，0 依然只是个工具。当数字被放入各栏中，由垂直线分隔，而且使用位置原则估值，则 0 就变得不可或缺。一个数是由 9 个数字的其中之一放在每个不同的栏位而组成，分别为个位数、十位数、百位数等。在底数次方算不到的情况下，相关的栏位是空的。此时用一个图像符号代表这栏是空的就很方便，如此一来，每个栏位不管是空的或满的，都有一个符号。0 就代表一个隔离物，这样才能将代表隔离的线去掉。当分隔线消失，代表空位的符号留下，成为跟其他 9 个一样的数字。

作为一个数字，0 的性质完全不同，它有更大的目的和更深的含义，如果数字从 1 到 9 都是数，那凭什么 0 不能是？因为一个新数需要用方程式的数学语言来定义，0 就被定义为任何整数扣掉自己的结果：$0=n-n$。

作为一个数字，一

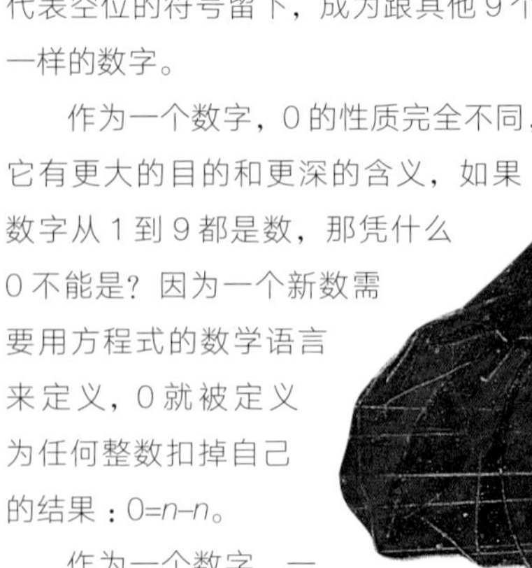

随意一笔加上一个简单的圆就成了！0 在学校的名声不好。对学生而言，这是很难的数目。直到 6 岁半，仍有四分之一的学童写：0+0+0=3；到了 8 岁半，还有一半的人会写：0×4=4。而老师也会气愤地在差劲的考卷上打上一个大 0，画上好几道线，有时还会在空白处补上“一无是处！”尽管这些学生已非常努力，仍是无法通过。右页是米格尔·谢瓦利埃（Miguel Chevalier）创作的三度空间的 0。

个可以写下来的符号，0 因此变成代表它本身的一个数，是算术中加法、减法、乘法、除法、乘方的工具。在加法运算中，0 一点也不起作用，$n+0=n$；相反地，在乘法运算中却大有作用，$n\times0=0$。至于乘方，如果 a 是异于 0 的数，则 $a^0=1$。然而，除法运算却要特别小心！因为 0 无法当除数，这是被禁止的。

历史上的三个 0：巴比伦、玛雅、印度

第一个 0，无可争议地出现在巴比伦，早在公元前 3 世纪前就有了。巴比伦的誊写员以垂直或水平的楔形记录不同单位，并已创出双斜纹符号。用以代表数字书写中分隔的符号，是一个十足的数字 0。

在天文学和某些其他领域内，这个同样的符号也被当作一个计算的工具。我们可以在数字书写的开头或结尾发现它，特别是在六十进位制的分数中。但在任何时候，这个 0 都不被视为数。

玛雅天文学家在 1000 年时，发展出一种有效的位置命数法，其底数为 20，数都以一组点及水平短线呈垂直排列来表示。一个特殊的图示符号、一个水平的卵形线、画成蜗牛的壳形、一个雕刻凹线，都扮演有效的分隔符号的角色，并能使数不模棱两可。虽然玛雅的 0 并

不扮演计算的工具，不像数那样负担那么复杂的任务，却仍是一件伟大的发明。

从空到无：
从空的位置到零数量的过程

一切都要归功于印度人发明了0，并赋予它3个功能，让0变得完整。从5世纪开始，它的存在就已被证实。

印度第一个0的记录是一个小圈圈*sunya*，梵文称为“空”。译成阿拉伯文为*sifr*，拉丁文为*zephirum*，引申至*zephiro*，即zero，零的意思。因此在大部分语言中，数字中最后出现的这个字——sifr（0）——就成了所有数字家族的一员。

“空”是一种哲学概念，但也是一种空间的范畴，尽管很难标出位置。数字0的创造过程中，在一个栏位中设计某一符号代表空白的位置，这是从否定到确定，敢于用某一表现方法来显示空缺。

至于“无”则属于存在的范畴。数0的创造是融合两个范畴的无——空间上的空无，和哲学上的不存在——并将其彻底转化成为一种数字形态。将“什么都没有”变成“有‘没有’”。这不仅是句法的改变，也是从逻辑的零进步到算术的0，拥有一个值。这个从“没有”到“有个0”，从“0作为一个空的位置”到“0作为零数量”，构成思想史上一个重要阶段。

“印度的0代表空白或空缺，也代表空间、苍穹、大气与天空，空无一物、可忽略不计的量及毫无价值的元素。”

——伊弗拉（Georges Ifrah）《从1到0：数字总史》1985年

0 代表“全能的空无”，这个奇怪数字的出现，在执行计算中带来不少问题。“0”是偶数还是奇数？从其定义：“某数的一半是整数，则此数为偶数”来看，我们无从判断，必须找出其他方法解决。如果我们希望奇偶性(parité，两个偶数的和也是偶数）也适用于 0，那么 0 就是偶数。

1485 年给商人使用的算术手册中可看到：“数字只不过是十个符号，其中九个有价值，第十个无，但它却突显其他数的价值，这个数字叫作 0。”

玛雅人各种类型的 0。我们觉得这些图形代表贝壳（下图）。

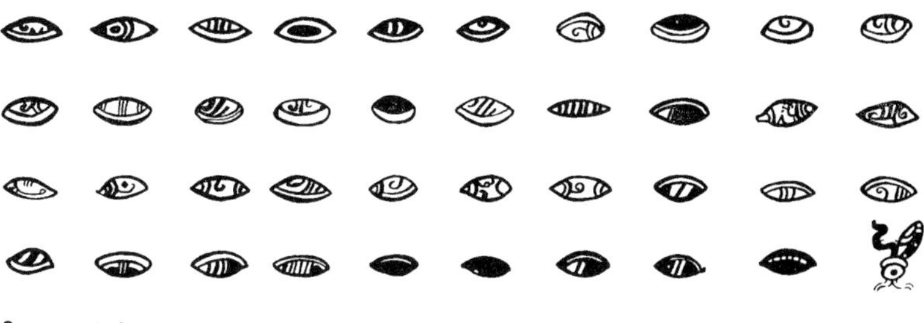

从古希腊的无限到亚里士多德的可能无限

足足有好几个世纪，希腊人不断思考 *apéiron* 这个概念，也就是无限。他们以此概念探索时间与空间，探索事物的开创与崩解，并用来研究数本身。对他们来说，就跟对我们一样，无限是一个兼具数学和精神层次的概念，其没有限制且运用广泛的特质，与永恒、不朽、神性这些观念有某些共通之处。时间没有开始也没有结束；空间也同样没有界限，是线与平面的中枢，而线与平面的度量可以无限地分割或延伸。至于数的序列，谁又能打断呢？

亚里士多德对“无限”这个概念感兴趣，是将之视为他对实体世界本质探讨的一种面向。因为“无限”既是一个重要概念，又如此模糊，让他想找出一些可为之定义的词汇。他用逻辑来定义这高度抽象化的概念。首先在自然界有“无限”，且只能视为一种量。第二，如果无限真的存在，则其必有定义。第三，因为无限不能当成一个全体被理解，因此不可能存在于现实中。所以结论是：无限是存在的，但无法以“被证实”的形式存在，而是“可能”存在。

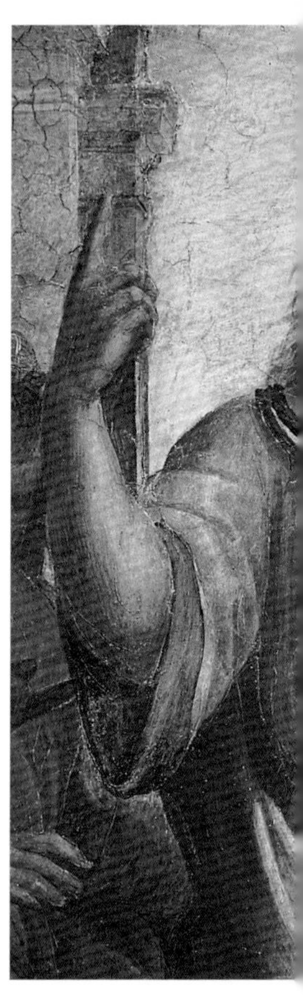

在雅典的学校、柏拉图学园及亚里士多德学派有多少关于数的课程！上图是拉斐尔画作《雅典学派》壁画的细部，人物是柏拉图与亚里士多德。

无限世界的无穷数

希腊有些思想家，例如：阿那克萨戈拉（Anaxagore de Clazomènes）、伊壁鸠鲁（Epicurus）、卢克莱修（Lucretius）及原子学家德谟克利特（Democritus）等，对无限的态度没有亚里士多德那么谨慎。他们提出疑问：“经由物体表示的数，整体是无限的。”为了防止反对意见并支持以上主张，卢克莱修提出相反假设：世界是有限的。为了论证，他要我们想象一个弓箭手

站在世界的边缘，向外射出一支箭。然后卢克莱修问我们："这支充满力量的箭会不停往前飞吗？还是你认为会有障碍物挡住呢？" 在我们回答之前，卢克莱修警告："不管你把世界的尽头放在哪里，我都会问你：'那支箭会怎么样？'" 因此，世界的边界无法设定，这确认了世界的无限性。

卢克莱修的天赋远不止于此，他不满足于提出一个无限世界的存在，还思索存在于这样的世界的无限数量空间。他设想原子能创造世界，但既不能对其做独一无二的解释，又不能对世界的无限数量空间做详尽无疑的论述。

有限毫无限制地扩张着

有两千年的时间，亚里士多德认为无限只是纯粹可能的说法——有限永远在扩展，永远触及不到边界——是此主题中最被西方广泛接受的观念。这个无限纯为虚拟,有其存在性，然而仅仅像潜在性一般，它未曾达到，也未曾在现实中被判定。然而由于无限的潜在性，不使空间有其界限。有限空间的概念被大家争相唾弃。我们可以趋向无限，然而却不可能达到无限。一个思考上的无限就像有限，毫无限制地扩张着。

这是亚里士多德的美好说法："无限与我们所说的相反；其实无限之外并非空无一物，而是数量上永远都有新东西。"而另一种说法是：现实中无限的存在虽被否定，但仍继续影响人们的思想。甚至引发斗争，因为它一直有其信徒。

为了要阻止被证实的无限，曾经有过很激烈的争辩：由于它未达到，因此，它无法像其他事物般被"完善地定义"。它的存在将会招致很多严重的矛盾性！……例如，这个无法证实的无限，以数来看，同时可有偶数及奇数，可整除的及不可整除的……

那些无穷小的数、"几乎没有"的数也是数吗？上图是埃舍尔（M.C. Escher）的作品《圆形的极限》。

最后，无限成为了数

我们是如何从有限趋向无限（∞），朝向我们从不曾到达的，一直到实现无穷大“（ א ）”成为数的呢？

亚里士多德曾争论说，实际的无限在逻辑上不可能。2300年后，两位德国数学家戴德金（Richard Dedekind）及康托尔(Georg Cantor）证明了它的存在。然而，只有康托尔证明了它的非独一性。让我们陈述一个重要的句子，几乎所有的亚里士多德学派的无限概念皆源自此句子；它陈述了有限与无限之间的重要关系：“整体大于局部。”这听起来本身就是证据！整体本来就包含了自身的所有局部。局部要与整体竞争，挑战其“包罗万象”是不合逻辑的。局部没有资格。无论作为一个明确还是不明确的公理，这一断言都无情关闭了无限数的大门。

然而，康托尔及戴德金却以完全不同的观点去看这个问题。为了要定义无限，

“我在探索无穷大时，体验到一种真实的快乐，且乐此不疲……如果我朝向有限，我看到这两种概念（基数与序数）清晰而美丽，再次结合，聚集在有限整数的概念中。”

——康托尔

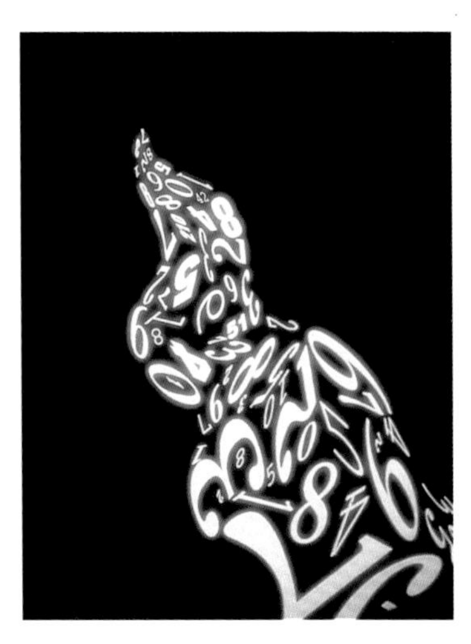

各种不同大小数字的图像（下图）。

他们运用一种配对的方法。这个行动在他们手中成了一个很有效的武器。想象有两堆东西，每堆的量都未知，想象从两堆中各拿出一件来配对。于是我们有可能了解“如果每一堆的量都是无限”，那么这个配对过程就可以永远继续下去。如果其中一堆的量并非无穷大，这个过程就会中止。这些将同时耗尽的两堆具有某些共同点：我们可以说它们都有某个量，因此两堆的数等值。

“我绝不隐瞒这一事实，即在这项工作中，我在某种程度上反对普通流传的数学无限概念，以及人们经常采取的关于数值大小的观点。”

——康托尔

《流形总体理论基础》

1882年

这项配对就是我们所谓的“一对一”对应关系，也就是说它是一一对应（correspondance bi-univoque）的。康托尔与戴德金将此当作他们探索无限概念的基础。他们的想法是：有这种对应关系的两个集合，其元素数目相同，即使两个集合都是无限的。然后，他们建立了最初的定义：若两个集合一一对应，则两者等价且等势。这开启了康托尔新纪元。

无限：局部“等于”整体！

1870年至1880年间，康托尔与戴德金把亚里士多德的逻辑做了一个戏剧化的大逆转。一直被认为是不可能的事——局部“等于”整体——对他们来说却是一个公理，是定义无限的重要原则。他们的关键主张，表面上看来很不合逻辑，那就是：无限是一个集合，它等于本身的其中一部分。

德国数学家戴德金思想开放，治学严谨，是 19 世纪 80 年代勇于处理无限算术的少数科学家之一。他是康托尔号召的数学家同好。他俩从 1872 年到 1899 年书信往来长达 27 年。从双方旗鼓相当的对话中，可看到两个智者彼此充实砥砺。这些书信是数学文学中最美的作品，两位数学家不断在共同的嗜好中互相对质比较。一个向对方陈述其思想的进展，另一个则以其评论的洞察力、对对方每一步骤的理解，强迫对方做出更精细的论证，逼对方给出最好的东西。

问题：是否存在一个无限集合？答案：是。我们已碰到好几个这样的集合了。正整数集合 N 是无限的。偶数整数集合 P 则是正整数集合的一个子集合或局部。我们可在 N 和 P 间建立一个“一对一”的对应关系。这么一来，对每个 N 的整数来说，都可以对应到其双倍，就是偶数，属于 P。反过来说，对每一个 P 的偶数整数，我们都可以对应到它的一半，因此属于 N。

这里无限被实现了！正整数集合 N 并不大于偶数整数集合 P，即使 P 是 N 的局部。这两者都是无限的。这类无限集合被称为可数的（dénombrable）或离散的（discret）。

康托尔和戴德金所提出来的这个数学关系，摧毁了许多长年来被信奉的假设。例如，我们很惊讶地发现，而且跟我们对数字概念的直觉相矛盾的是，分数的数量并不比整数的数量多。其实，康托尔也确立，有理数的集合 Q 与 N 一样大。这显示出，是否就像我们预料的，只有一个无穷大？！在无限之中，我们真的不能超越可数的数吗？

连续的“巨大潜力”

可数的数是唯一的无限吗？康托尔的回答是否定的，实数集的势大于可数集。在集合 N 与 R 之间的确不可能构建一一对应关系。也即，一条直线上的点无限多于整数。在此，有两个无限集，第 2 个无限集即 R，称之为连续统。

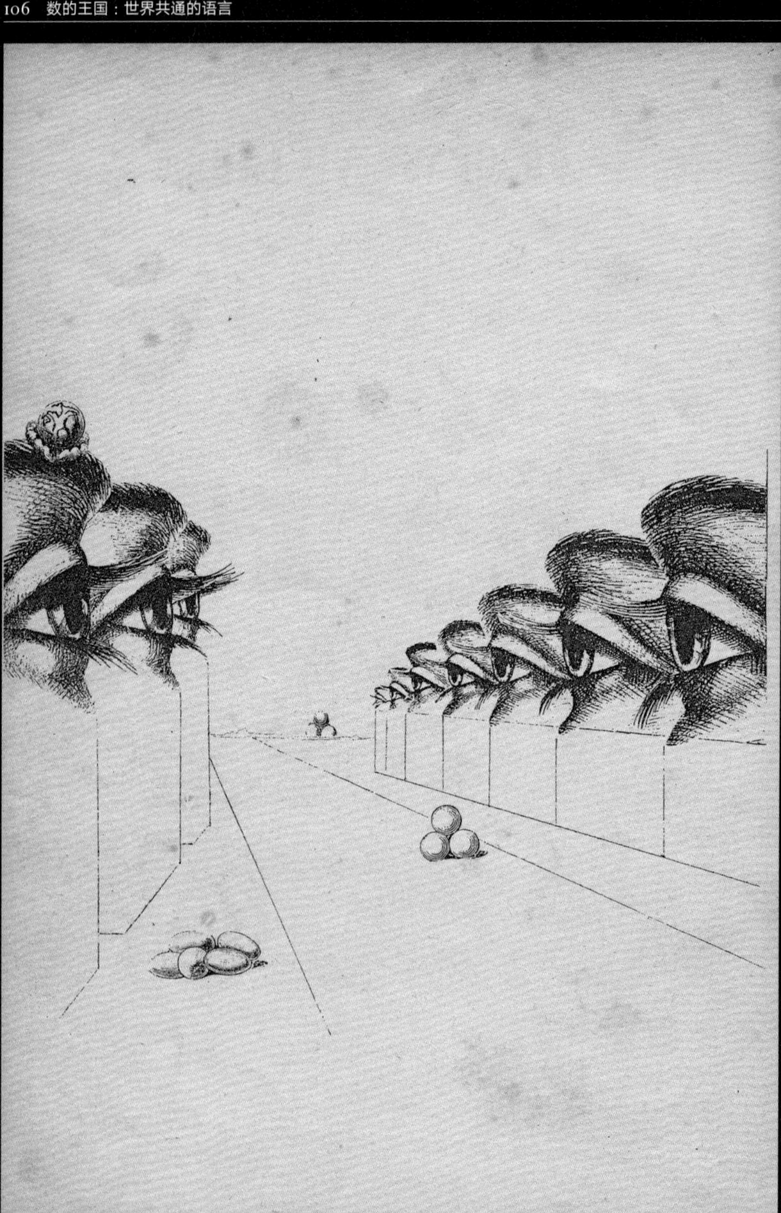

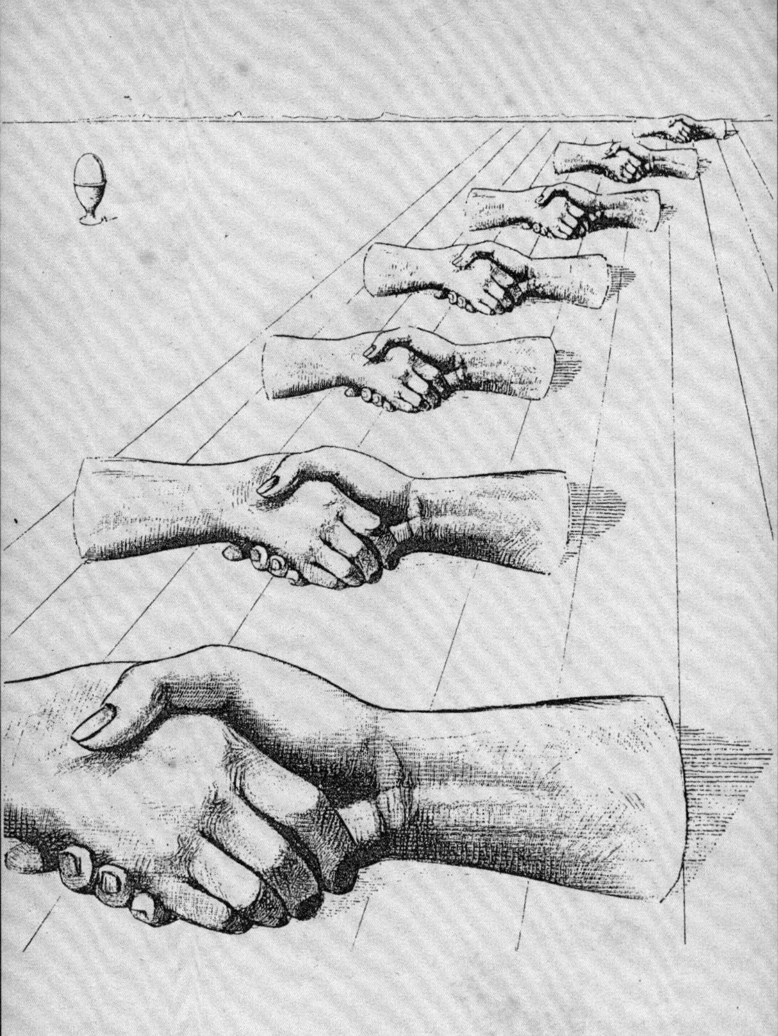

令人惊讶的是，线段 [0, 1] 之间的点不比右向直线中的点更少！这就是康托尔谈及的“连续的巨大潜力”。另一个问题是，我们能超越连续吗？也即，除了可数的及连续外是否有其他无限集？康托尔回答，有的。他证明集合 A 的幂集 p（A）有大于 A 的势。集合的子集永远比其元素多。正确，有 n 个元素的集合就有 2^n 个子集。集合 A={a,b,c} 有子集：{a,b,c}，{a}…{b,c} 及空集合 Φ，就是 8 或 2^3 个子集。不管无限集有多大，总能构造比它更大的集合。潘多拉的盒子打开了！从 N 开始能建立一个不间断的无限序列。真是神奇的发现：有无限个无限集！

康托尔称这些新数——无限集合的元素数量——为超限数。为了记录它们，他选择了希伯来文的第一个字母，阿列夫（ℵ）。最小的无限集是可数集，记作 $\aleph_0$。值得一提的是，如果不包含离散数和整数的话，就不能形成数学上的无限。数字化是无限的前提条件。康托尔计算超限数，就像计算整数般进行。他把重点放在超限数的算术上，而实现了“算术的计算延伸到有限之外”的研究。而至于有限呢？这要靠无限来定义：“不是无限，就是有限。”因此，它并不能与它本

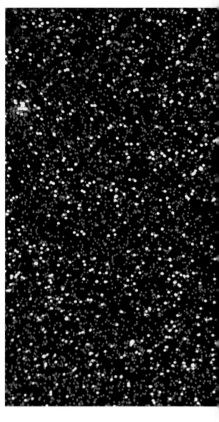

恩斯特所绘《看得见的诗》中把两两对应的概念搬上画面。106 页中每个左眼对着右眼而成一双，107 页中每只右手如手足般紧紧握住左手，也形成一双。

身的子集做一对一对应的关系。现在，用否定句来定义的有限，已经在数字舞台中占据了它的位置，我们可以说，很长一段时间以来，在众多的集合中，有限被作为整体的一部分。这一使人眼花缭乱的理论架构，对于德国数学家希尔伯特（David Hilbert）而言是“数学天才最精美的产物以及人类纯理智活动的最高成就之一”。

“处理整数的关系及定理，与研究天体的方法相同。”

——康托尔

“我的理论一如岩石般坚硬，所有反对它的箭将会很快回转向射箭者。我怎么会有如此大的信心呢？因为我持续多年研究它所有面向，检查人们对无穷大提出的所有评论，或者说我从所有问题的首要原因中得到这项理论的全部解答。”

——康托尔

然而，在这一令人眼花缭乱的理论高峰的两侧，还是存在很多找不到答案的大疑问。在离散与连续之间是否存在着一个中间的无限？除了这两种以外，在实数线上是否有另一种方法能够成为无限？这些问题都是无解的。也就是说，已经证明没有任何答案，无论是肯定的，还是否定的。

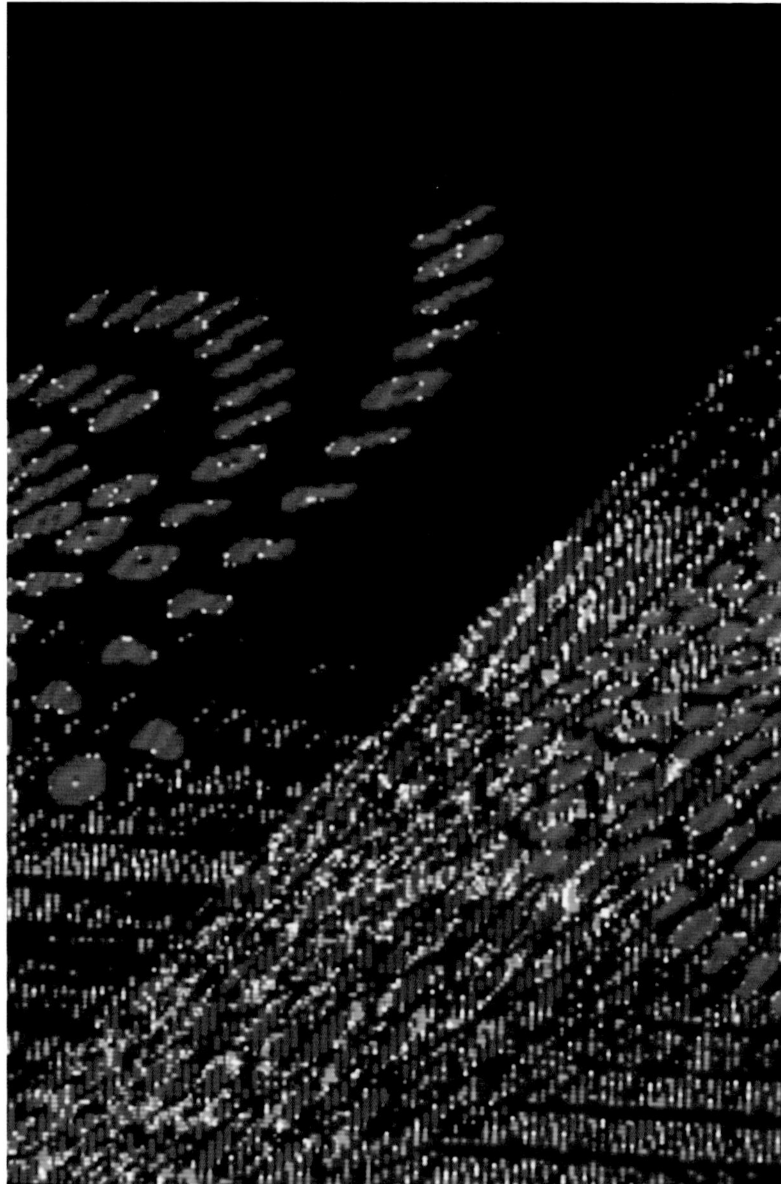

数的王国的版图持续扩张。数的应用每天增加，逐渐占领人类的生活。我们让数字变成现代社会一切事物的新主宰。标号码、量化；事物数据化也让世界变得贫乏。数字实在是人类太美的发明，并且变为某些目的的工具。

第七章
无法定义

以物易物被金钱交换取代后，数在社会中就占有重要地位。把它刻在金属上、印在钞票上，或者用手写在汇票、支票上，这些数字就代表它们的价值。叮当作响的硬币不就是所谓的现金吗？

数是上帝的杰作，还是人类的杰作？

德国数学家克罗内克尔（Leopold Kronecker）曾说："上帝创造整数，其余的都是人造的。"但对与他同时期的戴德金而言，数则是"人类心灵的自由创作"。"数是什么？它们是用来做什么的？"这些疑问都是戴德金 1888 年发表的著作的主题。

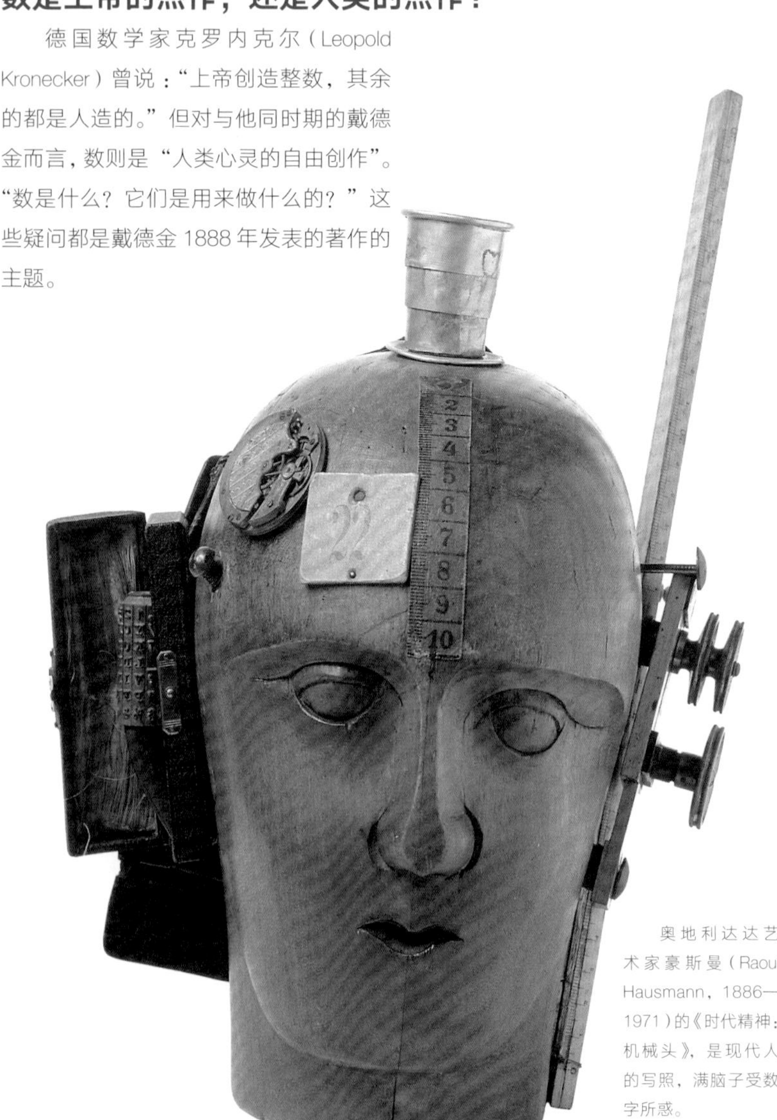

奥地利达达艺术家豪斯曼（Raoul Hausmann，1886—1971）的《时代精神：机械头》，是现代人的写照，满脑子受数字所惑。

16 世纪末开始，量化经由测量的执行，是自然科学（物理学、天文学等）更新的主要工具（上图）。量化在人类科学中引发一些棘手的问题。对某样事物的测量，并不一定是该事物的本身，而可能只不过是一个指示值。它只不过是认知中其他几项属性的一种，也仅只于此！当然，个人的智商并非指他的"才智"，但却常常被用来指"才智"。而如此却也有很多非常实际的结果。

100 年来，许多理论都被数学家、逻辑学家、心理学家及人种学家用来回答这些基本问题；每个人都试图为数的王国建立一套毫无争议的基础，但都无法如愿以偿，没有人可以得到普遍认可。

无法定义

经过 6000 年不间断的应用之后，我们还是无法定义数。人们用尽各种办法去化约，企图找出一个定义，完全道尽数的众多属性，描述它的本质。但无戒心而单纯的数却超越其上，难以定义。

公元前 5 世纪，古希腊思想家菲洛劳斯（Philolaos）强调："如果没有数，我们就什么也不懂，什么也不知道。" 2500 年后，哲学家巴迪乌（Alain Badiou）对上述言论提出反驳："事实上，完美的真理从来无法被计算。"

ORGANISME D'AFFILIATION

01 751 355 7
CPAM PARIS

Nº D'IMMATRICULATION DE L'ASSURÉ

2 58 05 28 134 290 | 26

数的王国统御一切

按顺序排列、计算、测量、量化、编号、使信息数值化，数字真是无所不在；它不仅在自然科学中，也存在于度量学、概率、统计学、人口统计学、会计学、战略、美学、经济学、心理学……

SÉCURITÉ SOCIALE
CARTE D'ASSURÉ SOCIAL
Cette carte est personnelle. Elle comporte des INFORMATIONS CONFIDENTIELLES.
SÉCURITÉ SOCIALE

世界数据化的意图愈来愈多，也愈来愈有效率，这意味着生活中充斥贫乏的数值；追求真相与计算数字合而为一，例如：税、指数、名额、百分比、差数及平均数、行情及市价、分数及比率、直径、频率及含量、被除数等。我们用数量说明一切事实。可否说这是一种数字独裁呢？

各种各样的数，真是种类繁多！但会不会又太多了点呢？

以下是法国作家圣埃克苏佩里（Antoine de Saint-Exupéry）笔下的小王子和一位大哲学家的对话：

“大人喜爱数字。当你向他们介绍一位新朋友，他们从来不会问到重点。比方他们从来不会问你：‘他的声音如何？他喜欢什么样的游戏？他收集蝴蝶吗？’他们只会问你：‘他几岁？有几个兄弟？体重多重？他爸爸赚多少钱？’他们以为只有他们才了解这位新朋友。”

早在2500年前，柏拉图在他所著的《理想国》中便提到：“如果人们学习算术不是为了做买卖而是为了知识的话，那么它是一种精巧的对达到我们目的有许多用处的工具。”

JEUDI 10 OCTOBRE
Liquidation : 24 octobre
Taux de report : 3,38
Cours relevés à 10h15

VALEURS FRANÇAISES	Cours précéd.	Derni cour
B.N.P. (T.P)	890,60	900
Cr.Lyonnais(T.P.)	835	828,
Renault (T.P.)	1660	1646
Rhone Poulenc(T.P)	1810	....
Saint Gobain(T.P.)	1183	1181
Thomson S.A (T.P)	975	....
Accor	633	631
AGF-Ass.Gen.France	153,20	152,
Air Liquide	776	771
Alcatel Alsthom	447	450
Axa	310,80	310,
Axime	469	475
Bail Investis.	763	765
Bancaire (Cie)	544	536
Bazar Hot. Ville	462	460
Bertrand Faure	185,10	....
BIC	708	708
BIS	573	575
B.N.P.	197	196,
Bollore Techno.	493,90	495
Bongrain	2082	2065
Bouygues	484	484
Canal +	1253	1248
Cap Gemini	226,50	225,
Carbone Lorraine	771	770
Carrefour	2833	2815
Casino Guichard	223,80	220,
Casino Guich.ADP	153	150,
Castorama Dl (Li)	880	887
C.C.F.	233,90	233,
CCMX(ex.CCMC) Ly	45	46
Cegid (Ly)	487	487
CEP Communication	399,40	399
Cerus Europ.Reun	122,70	122,
Cetelem	1127	1139
CGIP	1150	1150
Chargeurs Intl	200,60	200
Christian Dior	612	614
Ciments Fr.Priv.B	176,10	178,
Cipe France Ly #	578	580
Clarins	685	685
Club Mediterranee	380,20	383
Coflexip	237,20	236,
Colas	660	650
Comptoir Entrep.1	9,70	9,
Comptoir Moder.	2485	2485
CPR	415	414,
Cred.Fon.France	68,80	69

COMPTANT
Une sélection **Cours relevés**
JEUDI 10 OCTOBRE

OBLIGATIONS	% du nom.
BFCE 9% 91-02	....
CEPME 8,5% 88-97CA	103,40
CEPME 9% 89-99 CA#	112,40
CEPME 9% 92-06 TSR	....

redit Local Fce	443,20	440,20	- 0,67	430
redit Lyonnais CI	139,80	136,60	- 2,28	138
redit National	235	236	+ 0,42	315
S Signaux(CSEE)	230	230	....	215
amart	4260	4180	- 1,87	3590
anone	745	743	- 0,26	725
assault-Aviation	985	985	....	895
assault Electro	347,50	349,90	+ 0,69	335
assault Systemes	213	212,70	- 0,14	205
e Dietrich	197	199	+ 1,01	177
egremont	379,50	380	+ 0,13	405
ev.R.N-P.Cal Li #	42,65	42,60	- 0,11	37
MC (Dollfus Mi)	150	150	....	175
ocks France	1239	1250	+ 0,88	1210
ynaction	131	130	- 0,76	129
aux (Gle des)	582	586	+ 0,68	525
iffage	275	270	- 1,81	295
lf Aquitaine	404	403	- 0,24	395
ramet	257,60	263,50	+ 2,29	320
ridania Beghin	793	791	- 0,25	770
ssilor Intl	1342	1347	+ 0,37	1350
ssilor Intl ADP	1011	1006	- 0,49	990
sso	538	537	- 0,18	550
urafrance	2090	2090	....	2030
uro Disney	10,95	10,95	....	11
urope 1	1040	1040	....	1090
urotunnel	7,50	7,40	- 1,33	9
ilipacchi Medias	1062	1064	+ 0,18	970
imalac SA	478	478	....	410
inextel	82	82	....	73
ives-Lille	470,20	470	- 0,04	465
romageries Bel	4380	4365	- 0,34	4300
Galeries Lafayette	1615	1625	+ 0,61	1470
GAN	126,60	126,80	+ 0,15	112
Gascogne (B)	444,80	444	- 0,17	430
Gaumont #	373	374	+ 0,26	375
Gaz et Eaux	2050	2047	- 0,14	1950
Geophysique	330,90	330,70	- 0,06	315
G.F.C.	413	413	....	405
Groupe Andre S.A.	390	389	- 0,25	370
Gr.Zannier (Ly) #	104	104	....	88
GTM-Entrepose	229,60	231	+ 0,60	285
Guilbert	800	798	- 0,25	720
Guyenne Gascogne	1848	1846	- 0,10	1790
Havas	361	360,50	- 0,13	330
Havas Advertising	576	565	- 1,90	535
Imetal	747	755	+ 1,07	
Immeubl.France	320	320	....	
Ingenico	67	66,40	- 0,89	
Interbail	210	211	+ 0,47	
Intertechnique 1	658	655	- 0,45	
Jean Lefebvre	268	272	+ 1,49	
Klepierre	639	638	- 0,15	
Labinal	755	754	- 0,13	
Lafarge	305,50	302,60	- 0,94	
Lagardere	128,20	128,10	- 0,07	
Lapeyre	264,10	263,50	- 0,22	
Lebon	189,70	....	....	
Legrand	873	860	- 1,48	
Legrand ADP	542	541	- 0,18	
Legris indust.	193,70	193	- 0,36	
Locindus	689	689	....	
L'Oreal	1819	1812	- 0,38	
LVMH Moet Vuitton	1143	1138	- 0,43	

Lyonnaise Eaux	461	457	- 0,86	470
Marine Wendel	465	465	....	435
Metaleurop	53,20	52	- 2,25	49
Metrologie Inter.	14,40	14,40	....	14
Michelin	260,30	260,50	+ 0,07	260
Moulinex	96,50	95,10	- 1,45	88
Nord-Est	126,60	129,10	+ 1,97	127
Nordon (Ny)	330	335	+ 1,51	345
NRJ #	631	....	....	630
OLIPAR	91	89,60	- 1,53	97
Paribas	327,80	325,20	- 0,79	330
Pathe	1388	1388	....	1310
Pechiney	212,60	213	+ 0,18	215
Pernod-Ricard	280,50	276,60	- 1,39	280
Peugeot	590	589	- 0,16	580
Pinault-Prin.Red.	1913	1911	- 0,10	1840
Plastic-Omn.(Ly)	461	460	- 0,21	420
Primagaz	568	568	....	540
Promodes	1391	1404	+ 0,93	1300
Publicis	447	446	- 0,22	425
Remy Cointreau	130	130	....	130
Renault	122,80	121,80	- 0,81	118
Rexel	1441	1431	- 0,69	1360
Rhone Poulenc A	144,40	144,30	- 0,06	138
Rochette (La)	24,50	24,50	....	27
Roussel Uclaf	1186	1195	+ 0,75	1190
Rue Imperiale(Ly)	4520	4520	....	4210
Sade (Ny)	182,10	183	+ 0,49	181
Sagem SA	3132	3160	+ 0,89	3020
Saint-Gobain	688	683	- 0,72	640
Saint-Louis	1280	1275	- 0,39	1200
Salomon (Ly)	4505	4500	- 0,11	4480
Salvepar (Ny)	390	390	....	415
Sanofi	445	446,20	+ 0,26	420
Sat	1675	1675	....	1730
Saupiquet (Ns)	740	745	+ 0,67	730
Schneider SA	243,40	244	+ 0,24	235
SCOR	201	205	+ 1,99	200
S.E.B.	995	990	- 0,50	865
Sefimeg	392	393	+ 0,25	360
SEITA	204,30	203,50	- 0,39	192
Selectibanque	77	76	- 1,29	90
SFIM	1090	1100	+ 0,91	1090
SGE	89,90	86,50	- 3,78	94
Sidel	309,30	308	- 0,42	315
Simco	442	440	- 0,45	400

%92-02#	116,07	6,156 ↑
90-99#	113,96	2,217
7-97CA#	....	2,608
35-97 CA#	107	8,304
TME CA#	....	4,158
3 TRA	....	0,232 d
38-98 CA#	109,28	2,915 ↓
37/99 CA#	99,78	2,889
6 89-99 #	109,90	3,183 o
90/00 CA#	113	4,681
TRA CA#	106,70	0,573 o
35-00 CA#	117,89	3,863 o
TME CA#	104,25	4,158
7-02 CA#	116,99	7,548

ACTIO
FRANÇA

Arbel	◆	140,50	140,50
Bains C.Monaco		528	529
B.N.P.Intercont.		462	458
Bidermann Intl	◆	110	110
B T P (la cie)	◆	7,60	7,60
Centenaire Blanzy	◆	355	355
Champex (Ny)	◆	17	17
CIC Un.Euro.CIP		342,50	340
C.I.T.R.A.M. (B)	◆	1870	1870
Concorde-Ass Risq	◆	885	885
Darblay	◆	475	475

Immobanque	◆
Lucia	◆
Monoprix	◆
Metal Deploye	◆
Mors #	
Navigation (Nle)	◆
Paluel-Marmont	◆
Exa.Clairefont(Ny)	◆
Parfinance	◆
Paris Orleans	◆
Piper Heidsieck	◆

因犯的身分辨识码、银行账号、社会保险号码、驾照号码……每个个体都以所分配的号码来辨认，这些在电脑管理系统中都变得可以确定。如果把编码应用于全人类便可支配整个秩序。编码同时也提供许多服务，但也对自由造成威胁。数字替代了人，形同被纳粹政府关在集中营的囚犯手臂上刻的数字。这个记号，代表他磨灭不掉的特征，让我们牢牢记住那段记忆，并且在将人类简化为一个数字时保持警觉。

见证与文献

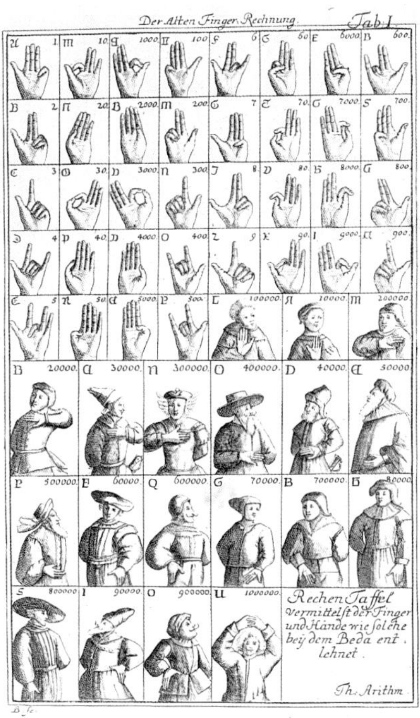
Der Alten Finger Rechnung.
Tab. I.
Rechen Taffel
vermittelst der Finger
und Hände wie solche
bey dem Beda ent.
lehnet.
Th. Arithm.

从计数到代数学

在阿基米德所著《数沙者》中，他着手计算宇宙所能容纳的沙粒数量。在其所论述的“太阳神的牛群问题”中，他试图计算不同种类牛群的组成。前者是纯计数的问题，而后者涉及代数学问题。

计算宇宙间的沙粒

阿基米德提出了一个符号系统，这一系统能使他得出一个巨大的数。如今我们会把这个数记为1后面接8000万亿个数字。他将这个数命名为“hai myriakismyriostas periodou myriakismyrioston arithmon myriai myriades”，即第万万周期的第万万级数的万万单位。他将证明宇宙中的沙粒数量小于这个数，因此他的系统能够计算宇宙大小。阿基米德将这一问题的求解方法递交给西西里的国王吉伦（Gélon）。

像国王您一样，有些人认为，沙子的数量是无限的，他们所指的沙子不仅仅是叙拉古附近和西西里岛其余地方的沙子，而是指存在于所有有人居住和无人居住的地方的沙子。另外一些人，虽然他们认为沙子的数量不是无限的，但我们不能够写出一个足够大的数超过了全部沙子的数量。但对于持有这一观点的人来说，如果他们能想象出一个与地球同等体积的沙子堆，并假设地球上所有的大海和洼地都被这些沙子填得和最高的山峰一样高，那么他们就更加肯定，我们不能够写出一个数超过了同等数量的沙粒。但是，我将通过我的几何演算（其中你能看到论证过程），尝试去证明存在一些数（我检验过这些数字并将其写在递予宙克西珀的手稿中），它们不仅仅超过了以上述方式填充地球所需的沙子体积数量，还超过了用来堆积整个世界的沙子数量。

再说说太阳

让我们先承认地球的周长有不超过三百万个斯塔德。正如我们所知，有人已尝试过证明地球的周长为三十万个斯塔德，但我认为这一尺寸应十倍于前人所认同的，即它的周长应大致为不超过三百万个斯塔德。接着我认为地球直径要比月球大。为了使我的主张无可置疑，我假设太阳的直径约为月球的三十倍，但不大于三十倍。

这些结论一旦被承认，我们也就能证明世界的直径小于地球直径的一万倍，而且世界的直径小于一百万万个斯塔德。

罂粟籽

这些都是我承认的关于大小和距离的东西，现在说说沙子：如果收集体积不超过一颗罂粟籽的沙子，其数量不会超过一万粒，而罂粟籽的直径不小于四十分之一个手指。此外，这些数据是以下列方式确定的：将罂粟籽在平滑的尺子上紧挨着摆成一条直线，其中二十五颗种子占据的空间大于一个手指的长度。因此我假设罂粟籽的直径要更小一点，即大约为四十分之一的手指，但不会更小。因为在这里，我也希望证明我的主张无可辩驳。

最后，宇宙间沙粒的数量应小于10^{63}。阿基米德打赌赢了！

吉伦国王，我认为这些东西对于大部分不懂数学的人来说似乎是难以置信的，但那些精通数学且对地球、太阳和整个世界的距离和大小有所思考的人，在我的演算之后会接受这些东西。因此我相信您也应该从中有所了解。

阿基米德，《数沙者》

太阳神的牛群问题

在给埃拉托塞尼的信中，阿基米德以诗歌的形式提出这一问题并交给亚历山大的学者们研究求解。

朋友，如果你自认为有些许聪慧，

请细算一下太阳神赫利俄斯的牛群数量吧。

它们被放养在西西里岛上，

分为四群，

颜色各异。

第一群是如乳汁般洁白，

第二群乌黑亮丽，

第三群如麦浪般金黄，

第四群毛色斑斓，

每一群中都有数量不等的公牛和母牛。

先说说各群中公牛的比例：

白牛数等于黑牛数的二分之一又三分之一再加上所有黄牛的数量；

黑牛数等于花牛数的四分之一又五分之一再加上所有黄牛的数量；

同时请牢记，

花牛数是白牛数量的六分之一又七分之一再加上所有黄牛的数量。

母牛的比例如下：

白色母牛数是全部黑色公牛母牛数量的三分之一又四分之一；

而黑母牛数又是所有花牛数的四分之一又五分之一；

同样花母牛数是全部黄牛数的五分

Ἀρχιμήδης ὁ γεωμέτρης

之一又六分之一；

黄母牛数是全部白牛数的六分之一又七分之一。

朋友，如果你能准确地告诉我牛群中，

那些膘肥体壮、颜色各异的公牛母牛的数量，

你就不会被认为不解计算，

但还不能与博学者相提并论，

还请计算在下述情况中各牛群的数量：

当所有黑色公牛和白色公牛整整齐齐地集聚在一起排成正方形，

遍布广阔的西西里岛草原时，

黄色公牛和花色公牛也走到一起，

组成一个三角形，

其他的牛群不介入其中。

朋友，如果你能拨开迷雾，

找到问题的最终答案，

那么请带着胜利的荣光凯旋，

他人将赞誉你在科学上的完美无缺。

显而易见，阿基米德这个问题极其复杂，涉及到8个数字，设为A、B、C、D、a、b、c、d，前4个大写字母分别对应白、黑、花、黄色的公牛数，而后4个字母对应同样颜色的母牛数。

这8个数受九种条件限定：7个等式和两种条件。在数学上，用7个等式可以求出8个未知数。

$A=(1/2+1/3)B+D$

$B=(1/4+1/5)C+D$

$C=(1/6+1/7)A+D$

$a=(1/3+1/4)(B+b)$

$b=(1/4+1/5)(C+c)$

$c=(1/5+1/6)(D+d)$

$d=(1/6+1/7)(A+a)$

上述公式须满足以下两个条件：

$A+B$是一个平方数；

$C+D$是一个三角数，即等同于$n(n+1)/2$。

这一问题理论上可解，但求解却极为困难。

数与计算的科学

在柏拉图的《理想国》中，有段苏格拉底与格劳孔（Glaucon）的对话。苏格拉底问格劳孔："这种把灵魂拖着离开变化世界进入实在世界的学问是什么？"在表示并非体操，也不是音乐、艺术之后，苏格拉底回答，这是一门扩及各领域的学问，适用于所有技术、科学及思想活动，那就是：数的学问。

苏：……我们来举出一个全都要用到的东西吧。

格：那是什么？

苏：嗯，例如一个共同的东西——它是一切技术的、思想的和科学的知识都要用到的，它是大家都必须学习的最重要的东西之一。

格：什么东西？

苏：一个平常的东西，即分别"一""二""三"，总的说，就是数数和计算。一切技术和科学都必须做这些，事实不是这样吗？

格：是这样。

……

苏：还有，算术和算学全是关于数的。

格：当然。

苏：这个学科看来能把灵魂引导到真理。

格：是的。它超过任何学科。

苏：因此，这个学科看来应包括在我们所寻求的学科之中。因为军人必须学会它，以便统帅他的军队；哲学家也应学会它，因为他们必须脱离可变世界，把握真理，否则他们就永远不会成为真正的计算者。

……

苏：而且，既然提到了学习算术的问题，我觉得，如果人们学习它不是为了做买卖而是为了知识的话，那么它是一种精巧的对达到我们目的有许多用处的工具。

格：为什么？

文艺复兴时期艺术家笔下的柏拉图

苏：正如我们刚刚说的，它用力将灵魂向上拉，并迫使灵魂讨论纯数本身；如果有人要它讨论属于可见物体或可触物体的数，它是永远不会苟同的。因为你一定知道，精于算术的人，如果有人企图在理论上分割"一"本身，他们一定会讥笑这个人，并且不承认的，但是如果你要用除法把"一"分成部分，他们就要一步不放地使用乘法对付你，不让"一"有任何时候显得不是"一"而是由许多个部分合成的。

格：你的话极对。

苏：格劳孔，假如有人问他们："我的好朋友，你们正在论述的是哪一种数呀？——既然其中'一'是象你们所主张的那样，每人'一'都和所有别的'一'相等，而且没有一点不同，'一'内部也不分部分。"你认为怎么样？你认为他们会怎么答复？

格：我认为他们会说，他们所说的数只能用理性去把握，别的任何方法都不行。

苏：因此，我的朋友，你看见了，这门学问看来确是我们所不可或缺的呢，既然它明摆着能迫使灵魂使用纯粹理性通往真理本身。

格：它确是很能这样。

苏：再说，你有没有注意到过，那些天性擅长算术的人，往往也敏于学习其他一切学科；而那些反应迟缓的人，如果受了算术的训练，他们的反应也总会有所改善，变得快些的，即使不谈别的方面的受益？

格：是这样的。

音乐！

拨动琴弦会发出声音，音的高低取决于弦的长度。如何表达这种关系？毕达哥拉斯派用数进行了回答。他们发现八度、五度和四度音程的弦长比是 1/2、2/3、3/4，这三个最简单的分数。通过在这两个物理现象之间建立明确的数字联系，毕达哥拉斯派打开了一扇新大门，即以定量和数学为基础去认识事物的本质。

数，现实之起源

以下是据斯托拜（Stobée）记载，来自克罗托内的毕达哥拉斯派学者菲洛拉斯（Philolaos，公元前 5 世纪）对数字的看法。

数的本质，即是把所有人感到困惑或无法认知的事物，变得可以被认知，被引导，并为其所用。因为如果没有数和数的本质，任何 [存在的] 事物，无论是其本身还是其与另一事物的关系，都将不再明晰。实际上，正是数，使事物可以通过感觉被灵魂感知，使它们变得可以被理解，可度量，就如同日晷的工作原理般（通过添加一个实体为参照，使原本难以估量的实体变得可以估量）；因为数字使它们实体化，并且通过事物间无限又有限的联系将事物进行区分。数的本质和效力，不仅见于恶魔和神圣的事物之间，更可见于人类的一言一行中，几乎所有的活动，无论是在艺术方面还是音乐领域。

另一方面，数的本质就如同和声一样，不容掺假：这两者和虚假都扯不上关系，因为虚假和嫉妒是无限制的，不可理解的和非理性的。

虚假无论如何也无法玷污数，因为虚假与数的本质相悖相恶，真理才是与数相洽相配之物。

斯托拜
菲洛拉斯，《前苏格拉底哲学家》
伽利玛出版社，七星文库

从数的角度看和声

和声主要是由四度和五度构成。五度比四度多跨一个音。事实上，最高弦（高音）和中间弦（中音）相差四度；中间弦（中音）和最低弦（低音）间相差五度；最低弦（低音）和三和弦相差四度；三和弦和最高弦（高音）相差五度。四度的波长比为 3/4，五度为 2/3，八度为 1/2。和声共包含五个全音和两个半音，五度距离三个全音和一个半音，四度距离二个全音和一半音。

斯托拜
《前苏格拉底哲学家》
伽利玛出版社，七星文库

和声与比例

在过去,很多人都认同一种观点(即音程是一种关系)，如哈利卡纳苏斯的狄奥尼修斯（Denys d'Halicarnasse）或阿尔库塔斯（Archytas）在他的《音乐论》中所说。……阿尔库塔斯曾写道："在音乐中，有三个中位数：算术中位数、几何中位数和下反对中位数，也称为谐和音。所谓算术平均是，三项之间保持一定的差额关系，即第一项与第二项之差等于第二项与第三项之差；此时，两个较大项之间的音程较小，而两个较小项之间的音程较大。所谓几何平均是，第一项与第二项之比等于第二项与第三项之比；此时，两个较大项之间的音程等于两个较小项之间的音程。所谓次逆平均，也即调和平均是，第一项减第二项之差与第一项之比，等于均值减第三项之差与第三项之比；此时，两个较大项之间的音程更大，两个较小项之间的音程更小。"

波菲利（Porphyre）
《对托勒密〈谐和论〉的评注》
伽利玛出版社，七星文库

和声的原理

让-菲利普·拉莫（Jean-Philippe Rameau）对科学的热爱与对音乐的热爱不相上下。在他的理论著作中，他积极求助于毕达哥拉斯和古代算术传统，致力于将二者相结合，对他们来说，数是一把钥匙，利用它可以解开世界的奥秘。

一个八度划分一段音程，因此在和声中，所有超过这个八度音程的音都只是对这一段音程的复制。

和声使音程得以增加，比如在听的时候，我们确信它只跨了三度音，比如从 do 到 mi。可是当我们听到同一位置的 mi 与高八度的 do 时，也是如此认为，但这之间却跨了六度音程。

音程的增加，也印证了音程转位的可能性，如果我们去掉低三度的 do，仍然可以实现从 mi 到 do 的跨六度。这也同样诞生了和声的转位，使得作曲家们能够根据自己的意向改变低音，并且比起我所说的基础低音更易于歌唱。

比起基础乐音的共鸣，乐曲的主干更为凸显，并更加流畅和谐，也由此孕育出了和声、旋律、风格、流派，甚至是在实际运用中所需的最细微的调整。

3 个不同的音共鸣，它们之间的关系如下：

1）五度升一个八度，
即双倍五度，

包含十二度音程。

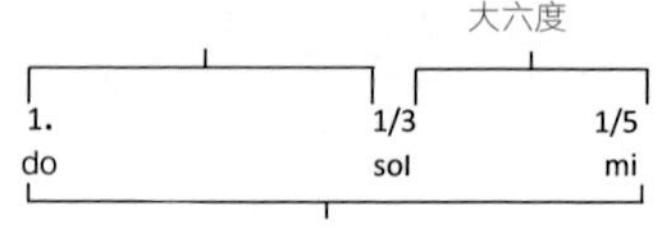

升两个八度的大三度

即三倍三度，包含十七度音程

以八度为基准，减少到最低音阶，其他音阶便不再重复，原因在上文已经解释过了，便可以得出：

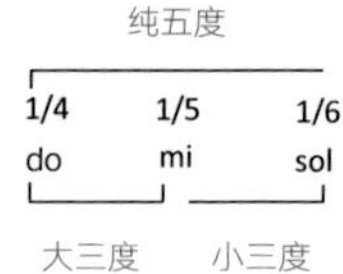

拉莫《理性音乐》

凯瑟琳·金茨勒，让·克劳德·马尔高编选和评点，

斯托克（Stock）出版社，1980年

声学基础……

试想，如果声音空间是在两根轴上构成的，一根水平轴，一根垂直轴。在第一种情况下，建立了旋律和节拍，第二种情况，则建立了和声。

和声是一种有关音程及音乐和谐的科学，或者可以说是“创造和运用和弦的艺术”。它受一套数学定律的支配，这套定律始于古人，尤其是毕达哥拉斯对物理学的研究。当我们使一根弦产生振动时，就得到了“自然”的谐波，即使再善于辨别的耳朵也只能分辨出其中部分音阶：1. 根音（比如C）；2. 八度；3. 五度（G）；4. 高八度；5. 大三度（E）6. 再高八度；7. 小七度（B）；8. 再高八度；9. 大二度（D）……这种自然谐波序列的发展，产生了12个半音音阶（也包括涉及整个音谱的更复杂的音程）。那么我们可以得出什么呢？所有偶数项，都是在已有的音程基础上升八度（例如，2，4，8都是升八度；6，12是五度）。单数项则产生了新的音（如1,3，5，7，9……）。

以及数字低音……

和声并不仅仅是由随意的旋律和简单的伴奏创造出来的，相反，它产生于规律性的音乐创作及组合。没有哪段旋律不以连续的和声为基础。一段旋律中的每个音都是基于和声结构的衍生音，如果旋律没有被确实听到，就将难以还原。

这时候，数字低音就发挥作用了。数字低音形成于16世纪，并于巴洛克时期被广泛使用。在真正的音乐速记中，当独奏乐器（如小提琴，笛子）与和弦乐器（一般是拨弦古钢琴）共同演奏时，只有用数字才可能将其记载下来。得益于数字标注法，和声变成了一个代码，

并可以十分精确地指出所用的和弦。

古典数字标注法，基于完全和弦（如do-mi-sol和弦）以及其转位，从而衍生出六和弦和四六和弦。在大三和弦（do-mi-sol）的基础下，“3/5”表示三五和弦，“3”表示三和弦，“5”则表示五和弦。“6”表示六和弦，也意味着六度音程（do-la）。四六和弦（do-fa-la）用数字写为“6/4”，同时它也意味着四度音程（do-fa）和六度音程（do-la）。七和弦仅仅用一个“7”表示，而它的转位则往往用三个叠加的数字来精确标记。

以此类推，在许多当代记谱法中都可以窥见数字低音的基本原则，尤其在爵士乐中，虽然其和声基础不同，但它与古典和声采用的是同一种编码方式。

保罗·迪·布歇（Paul du Bouchet）

反对毕达哥拉斯

亚里士多德很乐意承认毕达哥拉斯学派在数学上的成就。虽然他认同这一建立在事物数目研究上的知识财富，但在乐理的研究上，他对毕达哥拉斯学派极具数学家思维的观点不吝讽刺挖苦之词。

先是温和的赞美

在这些哲学家以前及同时，素以数学领先的所谓毕达哥拉斯学派不但促进了数学研究，而且是沉浸在数学之中的，他们认为“数”乃万物之原。在自然诸原理中第一是“数”理，他们见到许多

事物的生成与存在，与其归之于火，或土或水，毋宁归之于数。数值之变可以成“道义”，可以成“魂魄”，可以成“理性”，可以成“机会”——相似地，万物皆可以数来说明。他们又见到了音律的变化与比例可由数来计算，——因此，他们想到自然间万物似乎莫不可由数范成，数遂为自然间的第一义；他们认为数的要素即万物的要素，而全宇宙也是一数，并应是一个乐调。他们将事物之可以数与音律为表征者收集起来，加以编排。使宇宙的各部分符合于一个完整秩序：在那里发现有罅隙，他们就为之补缀，俾能自圆其说。例如 10 被认为是数之全终，宇宙的全数亦应为 10，天体之总数亦应为 10，但可见的天体却只有 9 个，于是他们造为“对地”——第十个天体——来凑足成数。我们曾在别篇更详明地讨论过这些问题。

我们重温这些思想家的目的是想看一看他们所举诸原理与我们所说诸原因或有所符合。这些思想家，明显地，认为数就是宇宙万有之物质，其变化其常态皆出于数；而数的要素则为“奇”“偶”，

奇数有限，偶数无限；“元一”衍于奇偶（元一可为奇，亦可为偶），而列数出于“元一”；如前所述，全宇宙为数的一个系列。

亚里士多德，《形而上学》
卷一，章五

再是严厉的批驳

假如一切事物必须参加于列数，许多事物必成为相同，同一的数也必然会既属此物又属那物。于是，数是否原因？事物因数而存在吗？或这并不能肯定？……

……

但何以这些成为原因？说是元音有七，乐律依于七弦，昴星亦七，动物七岁易齿（至少有些是这样，有些并不如此），与底比人作战的英雄亦七。……

……

他们又说由 A 至 Ω 间的字母数等于笛管由最低至最高音间的音符数，而这音符数则等于天体合唱全队的数目。……

……

再者，音乐现象等的原因不在意式数（意式数虽相等者亦为类不同；意式单位亦然）；所以，单凭这一理由我们就无须重视意式了。

这些就是数论的诸后果，当然这还可汇集更多的刺谬。他们在制数时早遇到很多麻烦，始终未能完成一个数论体系，这似乎就显示了数学对象，并不如有些人所说，可分离于感觉事物之外，它们也不能是第一原理。

亚里士多德，《形而上学》
卷十四，章六

计量学

计量学既是一门超级科学，也是一门跨学科科学。它原则上适用于所有学科，同时又涵盖各学科领域的有关知识。一个认知领域被称为科学的时间往往从：

1）测量的实施和将其作为解释及理解该领域的重要元素开始；

2）将可测量性纳入理论结构开始，即通过建立一个可量化的概念以赋予该结构意义。

计量，是指将一个可被感知的物体用一个数字（即尺寸）表达其与另一个相似的物体之间存在的某种联系（准确地说是数上的联系），称为计量单位（或标准）。例如，我以米为计量单位来测量一根铜杆的长度，并将这个单位米沿铜杆进行多次测量直到穷尽其长度。总共测了 3 次，我就知道铜杆有 3 米长。3（基数）即是铜杆的尺寸。

为什么要以这种方式强调数？当我们想要掌握一个物体时，最直观的信息能让我们有一个更好的认识，同时一门已成体系的科学也能够对我们有所帮助。数字确实看起来最简单，也能创造最有用的比较。因此计量是一个出于人类本能的行为，却并非出于动物性。如果我测量窗户的宽度，得出是 2 米，我就提前知道 3 米长的铜杆太长了。如果我只有 10000 法郎，1 米布的价格是 1000 法郎，我就提前知道我只能买 10 米布。因此计量就是在无名数（在数的后面没有数量单位名称的数）的依托下产生有名数，使其与物体结合，作为性质比较的结果，在这一方面的比较最终得出数量和尺寸。

计量有如下三大要点：被测的量；与这个量相似的标准（计量单位），以及一个几何量的支持（该几何量最后可简化为一条直线并与被测的事物相匹配）。最后一个要点的必要性在于，计量得数仅是一个基准，可在一定范围内调整。这涉及一个实际理由：人眼的分辨能力是最强的。

我们可以参考专门的论文来了解这种对分析出的数字进行操作的具体方法：计算各种平均数；方差；绝对偏差和相对偏差；将图表调整为分析曲线；强调相关性，等等。……

我们将通过给统计学下一个准确的定义来总结上述所有内容：统计学是一门艺术，它计算（单一）事件，并系统整理由此得来的数字集合，以便在缺乏已知科学解释的情况下找出多个变量间的规律性关联，这些关联实际上可作为规律使用。

这种实际计数是不够的。现在必须承认，如果有“数字”介入，这个数必须能够为以它作为框架的科学带来好处。统计学的优势在于所有被计算的情况都是对等的（只要它们相似），并将它们归入同一系列和同一集合中：正如我们所知，优势取决于数学单位的性质。但还有另一个不是主要的，却更为重要的优势，那就是当涉及到实验科学时，数学可能在进行新实验前提供完全可验证的公式。这种优势能够被发挥出来吗？是的，概率只属于统计学范畴，却被“数字”硬生生地建立成一个确定的概念，因此这一概念能够准确地测量自身的不确定性。这是人类最值得庆幸的发现之一。让我们再仔细探究一下。

在统计学中，数字计算的是真实的相似案例，因此在实验中只是充当使者，宣布别人要求其宣布的东西。但它本身在这些单位中是准确无比、完美无缺、完全相同的。所以如果在此引入同一性这个概念，并在实验中取代简单的相似性，那么它将不再只是使者，还是向导，正如它已经以另一种方式在实验科学中发挥指导作用。

由于我们不习惯从这个角度看问题，我们必须坚持。什么是相似性？它是两个或更多概念被单一的感觉或单一的感觉群所认识的属性，这种唯一性不是超验的，而是感性的，是柏格森直接性的一个方面。因此，我们身体的天然本性使我们无法谈论确切或绝对的相似性。因为绝对相似性就是同一性，这就是一个思想层面的问题了。我们将无法细化相似之处，也看不到同一性。那么如何将同一性带入实验中呢？只有一个方法：在意识中安排一次完美的实验。由于在变化和运动的世界中，没有比匀速运动更完美的实验，所以我们将根据实验所给予的东西去构建它。

本尼泽（G. Beneze）
《实验科学中的数字》
法国大学出版社，1961 年

测量，量测

直到20世纪中叶，经由将现象量化后，测量才成为科学的主要工具。测量在许多方面赋予科学运算的能力。几十年来，有越来越多的工作是架构在现象的非量化方面。“完全测量”有其拥护者及反对者。

测量是什么？是寻求原因的工作？在人类间及事物间搭起沟通的桥梁？也就是我们以往了解的统一的权能？达戈涅（François Dagognet）提出质疑。

测量的丰富来自它更进一步强化了集体的本义；借由它，实验者不仅能交换及比较结果，某样事物的特质也只能在与相似物比较时才能突显出来：无法比较其“特性”，更遑论有令人惊讶的“独特性”产生。因此必须学习为所有事物与其近似物建立关联（理性带出关联，意即相互关系）。

……测量的问题无论从哪方面看，由于它与知觉、认知、对事实的理解都有关，因此对我们而言，不仅具有外在形体，也具有形而上的含义。

达戈涅
《对测量的省思》
1993年

向来对科学非常感兴趣的法国作家瓦莱里（Paul Valéry），预先回应他。

我承认，我不懂，在大量情况下，对事物进行外部测量获得的定量关系及显著近似值是如何能获得预测且加以检

验应用。这种情况令人不得不想到量的形而上学。

瓦莱里
《备忘录》第二卷
法国伽利玛出版社，1974 年

法国现象学家古斯朵夫（Georges Gusdorf）认为，影响真理概念的突变会促使今后真理的研究与数值序列的获得、测量序列中某种程度的获得等，都会合而为一。

从事此项近似研究事业的科学家们只考虑所讨论的精确性，他们的注意力不受新科学限制方案之外的任何现实的影响。追求科学真理似乎总与遗忘人类使命并行不悖。

……人类以其聪明才智根据测量准则做统计，认为世界由单一对象构成；就像是运动场，思维从认知论的轴心向四面八方前进。为了使这个心理空间中立化，就必须排除所有不可归结为计算的原则的意义。真实世界不再只是社会标准下人类范畴的影子。神这位计算师与他的创造保持距离；神的隐退与人的隐退相对应，人类摆脱事物的真实及自身的真实。伽利略的革命标志着人类的退位。

……所有现代科学都将冲过如此打开的缺口。然而这样获得的胜利不应让人把为达到此结果而付出的代价遗忘；世界由此改观，换言之，或许通过心理约束而改变了世界，而由此也失去了人性。通过测量，数学的应用从感觉到形成概念，从可见到预期，学习由较初级的来解释高级的，由动物推理人类，由植物解析动物，由物质解释植物或由习惯说明理由，使神的死亡成为进步的条件。

古斯朵夫
《从科学史到思想史》
帕约（Payot）出版社，1977 年

犹太裔德国哲学家卡西尔（Ernst Cassirer）在计算前宁愿选择让位，面临计算的传布品质也进入科学领域。

“计算”的概念失去它专有的数学含义，不单单只应用在数与数值上，也从量的领域延伸至纯粹质的领域。由于质本身彼此互有关联，使我们能将它们从一个固定且严谨的秩序中抽离出来。

……计算概念的推展与科学概念一样，可以应用在所有的复数上，此复数的结构可归为某些基础的关系，而这些关系是能够完全确定此结构的。

卡西尔
《启蒙哲学》
法亚尔（Fayard）出版社，1990 年

十进位制革命

十进位的公制系统可说是法国大革命的杰作。它曾受到一部分人热烈欢迎，但也长期受另一群人抨击。其中最被诋毁的一点是十进位法的使用，成为不同单位间唯一的通路。倍数与分数逢十变位。

为了更确立公制系统的通用性，倍数都以下列的希腊文表示：hecto（百）、kilo（千）、myria（万）；分数则以拉丁文表示：deci（十分之一）、centi（百分之一）、milli（千分之一）。如此一来，十进位制更为普及了。于是，许多推广十进位制的著作问世发行了。

这是一封下塞纳河（Seine–Inférieure）督政府督政写给一位水文地理教授的信。这位教授以前曾教过数学。

敬启者：

法国大革命不仅改善了风俗，也预备好我们及未来世代的幸福，同时也摧毁了阻碍科学进展的枷锁。然而人类思想的杰作——算术，却还受我们古老的哥特式、未开化的法律专制地约束着。这门科学的伟大发明家们徒劳地以既简单又丰富的原则为基础，建立了如下规则：一旦决定并确立了单位，“小数点左边的数值会由右往左越来越大；相反地，小数点右边的数值则由左往右越来越小。”但此项可适用于任何数值的命数法的大原则，现在仍然只用于抽象数值，而我们荒谬的制度允许一些完全违背命数法的分数存在：一索尔（sol）等于二十分之一里弗尔（livre），一但尼尔

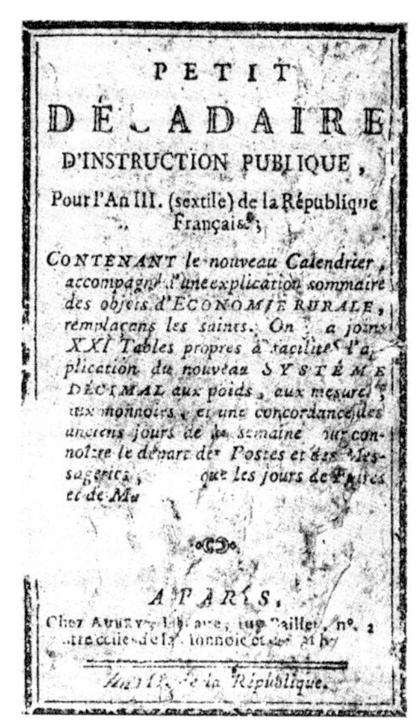

PETIT

DÉ[illegible]ADAIRE

D'INSTRUCTION PUBLIQUE,

Pour l'An III. (sextile) de la République Française;

CONTENANT le nouveau Calendrier, accompagn[illegible] d'une explication sommaire des objets d'ECONOMIE RURALE, remplaçans les saints. On [illegible] a joint XXI Tables propres à faciliter l'application du nouveau SYSTÈME DÉCIMAL aux poids, aux mesures, [illegible] monnoies, et une concordance des anciens jours de la semaine [illegible] connoître le départ des Postes et des Messageries, [illegible] que les jours de [illegible] et de M[illegible]

A PARIS,

Chez [illegible]

[illegible] la République.

(denier) 等于十二分之一索尔，等等。这在货币系统中实在是非常荒唐的事。

重量与测量的制定也没有比较不荒诞。里弗尔可以推算成马克（marc），一里弗尔等于二马克。而一马克相当于八盎司（once），等等。

时间，这个抽象的东西似乎应该归于独一无二的数学王国，它却控制我们，并专制地要我们顺从使用。一年可分为365天又几个小时，一天又分成24小时，小时再分出分钟，分钟又分出秒，秒又以六十等分法分出六十分之一秒。

我们不再针对这项辩驳衍生下去，亲爱的教授，我们只想要与你一同庆贺这项革命的产物已经推翻了所有在晦暗中产生的习惯，并且以十进位制这个既简单又有条不紊的方法取代了它们。将此方法行之于世的时候到了。不管它有多么简单，它总是需要被人教导如何使用；我们必须脱离老旧的常规，而去习惯、适应一个新的方法。轮到老师们，就像你，要结合理论与实际，首先开拓出新的里程，再去教导同胞们。因此，我们一直很赞赏你的热心及你对共和政体的拥护，这也让你为共和政府开一门算术课程。

你希望所有市民都能从中得益，特别是那些在政府部门工作的人。然而，亲爱的老师，那些行政人员每天固定从早上8点工作到下午4点（老式作风）。接着就要吃晚餐了！因此，对那些在政府部门工作的人就只有安排在下午5点到6点之间的课程才有用：我们相信如果没有其他重大的障碍的话，你将会选择这个时段。

只要你的工作以共和国的昌盛为目标，就信任同胞们的评价及认知吧。

谨上

下塞纳河督政府督政写给

荣誉市民格拉胡斯（Caius Gracchus）的信

1794年3月17日

循环论证，归纳法

在不同类型的证明中，有一种专门涉及自然数集合的建立方法：归纳法。其表述如下：设 S 为一个集合。假设 0 属于集合 S，并且，如果一个数属于这一集合，那么接在这个数之后的数同样属于集合 S，我们就可以得出所有数都属于这个集合。

方法的前提

在《工具论》中，亚里士多德建立了逻辑的准则。其在《后分析篇》中提出证明条件的分析。

当我们认为我们在总体上知道：(1)事实由此产生的原因就是那事实的原因，(2)事实不可能是其他样子时，我们就以为我们完全地知道了这个事物，而不是像智者们那样，只具有偶然的知识。显然，知识就是这样子的。在无知识的人和有知识的人中，无知者只是自以为他们达到了上述条件，而有知者则确实是达到了。因而如果一个事实是纯粹知识的对象，那么，它就不能成为异于自身的他物。

是否还具有其他认识的方法，我们在下文再加讨论。我们知道，我们无论如何都是通过证明获得知识的。我所谓的证明是指产生科学知识的三段论。所谓科学知识，是指只要我们把握了它，就能据此知道事物的东西。

如若知识就是我们所规定的那样，

那么，作为证明知识出发点的前提必须是真实的、首要的、直接的，是先于结果、比结果更容易了解的，并且是结果的原因。只有具备这样的条件，本原才能适当地应用于有待证明的事实。没有它们，可能会有三段论，但绝不可能有证明，因为其结果不是知识。

前提必须是真实的，因为不存在的事物——如正方形的对角线可用边来测量——是不可知的。它们必定是最初的、不可证明的，因为否则我们只有通过证明才能知道它们；而在非偶然的意义上知道能证明的事物意味着具有对它的证明。它们必定是原因，是更易了解的和在先的：它们是原因，因为只有当我们知道一个事物的原因时，我们才有了该事物的知识；它们是在先的，因为它们是原因；它们是先被了解的，不仅因为它们的含义被了解，而且因为它们被认识到是存在的。

亚里士多德，《后分析篇》

无数的三段论

设一个取值为 n 的集合，循环推理法是证明它的方法之一，其原理如下：

1. 证明集合对 0 成立；

2. 假设集合对 n 成立，可以推导出集合对 $n+1$ 成立，因此得出结论：集合对所有整数成立。

循环论证的主要特点在于它包含了无数个三段论，而这些三段论又可以被简洁地表达为一个公式。为了促进理解，我将依次列出这些层层串联的三段论。

当然，这些都是假设的三段论。

当数字为 1 时，这一定理为真；
若对 1 为真，那么对 2 也为真；
因此对 2 为真；
若对 2 为真，那么对 3 也为真；
因此对 3 为真，依此类推。

由此可见，每个三段论的结论都是下一个三段论的小前提。

此外每个三段论的大前提都可以并入到一个唯一的公式中。

若定理对 n-1 为真，
那么定理对 n 也为真。

由此可见，在循环推理中，我们只需要写出第一个三段论的小前提和包含所有大前提的通用公式就行了。

因此，一串无穷无尽的三段论就可以简化为几行句子。

庞加莱（Henri Poincaré）
《科学与假设》，1902 年

比没有还少的数

长久以来，荒谬数、虚根、负数等都很难让人接受是数学。现在的孩童可以习惯地下停车场，但却很难理解 −1、−2 等这样的数。我们来读读卡诺（Lazare Carnot）提出的强烈质疑，他是拓扑学的创始者之一，也是革命战争的大战略家。至于瑞士数学家阿尔冈，则借由天平来试图证明负数的“物质性”。

提出一个比 0 还小的独立负数，这是要扩展数学科学，这门科学必须讲究证据，于是像钻入无法穿透的云层，错综复杂且不合常理，一层比一层还奇怪：说负数只不过是一个与正数相反的量罢了，等于根本什么也没说，因为接着必须解释这些相反的量是什么，对此寻求类似物质、时间及空间的新见解。也就是说我们认为困难是无法解决的，因为这会创造新的困难：如果人家给我一个相反数量的例子，一个朝东方，一个朝西方，或者一个朝北方而另一个朝南方，我会问朝东北方、朝西北方、朝西南方等的相反又是什么？应用于计算这些量的符号又是什么？

卡诺
《对微积分的哲思》
1797 年

如何想象一个负的量

为了得到一个完全独立的负数，就必须删减掉 0 的有效量，去除无价值的事物：一些不可能的运算。因此，要如何想象一个负的量？

他又说接受与正数相反的量将会衍生出一大堆矛盾或明显的荒谬，例如：−3 比 2 小；但 $(-3)^2$ 却大于 $(2)^2$；也就是说：−3 与 2 这两个不等数之间，较大数的平方将小于较小数的平方，反之亦然，这动摇了我们所有已成形的关于数量的清晰看法。

卡诺
《位置几何学》
1803 年

负数也是有影响力的

阿尔冈（Jean Robert Argand）与 1797 年发明负数表示法的丹麦数学家韦塞尔（Kaspar Wessel）于 1806 年时有一场对话。以下看他如何介绍负数：

随意取一测量值 a。如果我们在 a 值之后加上一个与它相等的数，为了形成一个整体，我们将会有另一个新值，写成 $2a$。在 $2a$ 之后重复先前相同的步骤，如此将会形成 $3a$，依此类推，可得到一个序列："a，$2a$，$3a$，$4a$…"。

如果将此序列颠倒过来，可以得到"…$4a$，$3a$，$2a$，a"。我们再想想看，在新的序列中，依据前面提及形成第一个序列的相反方式，每一项都似乎是减去了前一项；然而，这两个序列其实有很大差异：第一个序列我们希望它多大，它就可以推展到多大；而第二个序列就不同了。然而就如同"…$4a$，$3a$，$2a$，a"式子所示，在 a 之后就碰到 0；再往前一点，要延伸到更远，则 0 就必须要像 a 值一般是我们所能运算的。可是，这并非一直是可能的。

例如，假设 a 是重量单位，就像克一样，量的序列"…$4a$，$3a$，$2a$，a，0"，在 0 之后便无法继续；因为我们可以从 3 克、2 克或 1 克中减去 1 克，可是却无法再从 0 克中减去 1 克。因此，接在 0 之后的序列，其存在我们只能用想象，我们称之为假想数。

然而，姑且不论物质重量的序列，让我们仔细思量一下各种不同程度的重量对两端均有重物的天平 A 端的影响，为了使我们的想法有更多支撑，我们再想想看，这个天平杠杆的移动将会与增加或减少的重量成正比，例如，将会产生一个适应轴的弹簧方法。如果在 A 秤盘内增加 n 的重量，而造成 A 杆端有 n' 的差异，同样的方式，增加"$2n$，$3n$，$4n$…"将会造成"$2n'$，$3n'$，$4n'$…"的重量差异，同时这些差异都可借助 A 秤盘的重量来测得：这个重量对于两个相等重量的秤盘而言是 0。我们也可以在 A 秤盘中增加重量"n，$2n$，$3n$，$4n$…"而得到"n'，$2n'$，$3n'$，$4n'$…"的重量，或者从 $3n'$ 的重量中，利用减去重量的方法，而得到"$2n'$，n'，0"的重量。然而这些各种不同的程度仅能借由此法，即在 A 秤盘增加或减少量的方法所获得，同样地，在 B 秤盘也可以。不过，把重量加在 B 秤盘能无限重复；当继续不断的同时，我们也能形成新的重量"$-n'$，$-2n'$，$-3n'$…"对此，我们称之为负数，其量的意义与正数量的意义都是真实的。

阿尔冈
《在几何结构中表示想象量的方法》
1806 年

无限与集合

无限数的诞生与集合这一概念密切相关。康托尔（Geoge Cantor）被称为集合论之父，同时他也是超限数理论的创立者。但康托尔所提出的理论却遭到许多人的反对，质疑声此起彼伏。他不得不多次解释有关“无限”的问题。他所创立的超限算术与我们用有限数进行运算的方法并无二致，但这一算术却引起了一场论战。

两种无限

我如今所从事的集合论研究已经到这么一个地步：除非将实整数的概念扩展到其先前的限制之外，否则我的研究将难以继续。事实上，据我所知，这一研究的扩展方向是不曾有人涉足的领域。

我对数的概念的扩大有着如此大的依赖性以至于如果没有它，我便难以在系统理论的研究上继续取得进展；我希望能在这种情况下找到合理之处，如果有必要的话，请原谅我在思考之中引入明显不寻常的概念。这涉及一个将实整数系列扩展或延续到无限大的问题。这个尝试看起来很大胆，但我希望甚至是坚信，随着时间的流逝，这种扩展能够被视为完全简单、自然合理的。我这样说，绝不是在否定这样一个事实：通过这项工作，我将在一定程度上与那些被广泛接受的有关数学上无限性的概念背道而驰，且与同样被广泛采纳的有关数的大小的本质观点相抵触。

至于无限算术，迄今为止它在科学中得到合理的应用并为科学进步做出的贡献，在我看来，主要是数的大小可变的含义。一个数可以不受限制地增加，也可以随心所欲地减少，但总是保持“有限”，我将这种“无限”命名为“假无限”。

并且，除此之外，近年来在几何学上，特别是在函数理论中出现了一系列新型的同样合理的无限性概念。例如，根据这些新概念，在研究复变解析函数时，一般都习惯于在代表复变的平面上引入一个位于无限远处但确定的单点，并验证该函数在此单点附近的行动方式，正如研究其他点一样。然后我们看到，函数在无限远的单点附近的行动方式恰好与其他位于有限远处的点一致。就此推断，此种情况下，将无限表达为在确定的点上运动是完全合理的。

当无限以确定的形式出现时，我便称之为“真无限”。

为了使下文清晰明了，我们将对数学上的无限所表现出的两个方面进行区分。同时这两种形式也为几何学、分析学和数学物理学带来了巨大的发展。

第一种形式——假无限，表现为一个可变的有限；第二种形式——真无限，表现为一个完全确定的无限。无限实整数和“假无限”完全没有共同点（我打算在后文定义这一概念，但事实上，多年前我便与这个概念有过一面之缘，却没能清楚地意识到我已经发现了这真实意义上的具体数字）。相反，无限实整数具有在解析函数理论的无限远点中发现的相同的确定特征，因此，无限实整数可被归入“真无限”的形式和规范中。

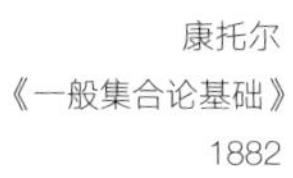

康托尔
《一般集合论基础》
1882

格奥尔格·康托尔和他的妻子，拍摄于 1880 年

几封讨论数学的信札

康托尔与戴德金间的鱼雁往返始于1872年，结束于1899年。这些信件于1937年由第二次世界大战期间担任解放组织领袖的巴黎索邦（Sorbonne）大学教授卡瓦耶斯（Jean Cavaillès）公之于世，原属于戴德金的遗产，但这里多为康托尔所写的信。至于戴德金的信，我们只有草稿。

康托尔给戴德金的信

哈雷（Halle），

1873年11月29日

恕我冒昧请教您一个问题，我对此问题已感兴趣良久，然而，我却一直无法解决；或许您能，希望您能回答我这个问题。以下即是本问题。

我们把所有正整数集合在一起，以(n)表示；再把所有正实数聚集写成(x)；问题是以什么方法能让两集合（n）与（x）之间一对一，而且只有一对一的对应关系？

戴德金在1873年的信上注记

1873年12月7日

康托尔跟我讨论一个很严肃的论证，就是：他在同一天所发现的论证中发现，所有 $\omega < 1$ 的正数集合不能与集合（n）做一一的对应。

我在12月8日收到此信的当天，便一边“思索”一边回信给他，恭喜他以简单的方式表达此重大的验证（以前实在太复杂了）。

1873年12月10日

康托尔通知我收到12月8日的信，但是却没有提及简单化验证这件事；他再次向我道谢关心这件事。

康托尔给戴德金的信

哈雷，1877年6月20日

谢谢您5月18日的信，我完全赞同您信中的看法，体认到我们以往的意见分歧真是肤浅，我再次向您提出恳求。您看，将我们结合的理论兴趣对您造成不便，我又常常打扰您，您或许不希望我这样。

我想知道您觉得我应用在算术上的验证方法是否严谨？

那是关于在表示表面积、体积及 p 度空间的变元等，都能与连续的几何曲线作一一的对应，因此，一度空间的变元，表面积、体积或 p 度空间的变元，也能与曲线等势：这个观念似乎与一般看法相反。

康托尔给戴德金的信

哈雷，1877 年 6 月 25 日

在我前几天写给您的那张明信片上，我承认您在我证明上所发现的缺失，同时，我也感觉到我能填补它。

戴德金给康托尔的信

布伦瑞克（Brunswick），

1877 年 7 月 2 日

我又再次审查您的验证，没有发现缺失；我很佩服您那有趣的理论是正确的，同时也要恭喜您。一如我在明信片上已经声明了，就是我想做个记录，这个记录与您在 6 月 25 日关于定理的传播及证明的信中所提供的结果相反，而其结果与 p 度空间连续量的概念有关……此信只有一个目的，就是希望您在我的反对意见被更深入探讨之前，不要公然地对已被接受的信条提出异议，要一直等到大量的论证出现。

康托尔给戴德金的信

哈雷，1877 年 7 月 4 日

我很高兴接获您 7 月 2 日的信，对于您那既清楚又明确的意见，再次向您致谢。

戴德金给康托尔的信

布伦瑞克，1879 年 1 月 19 日

我很仔细地研读您的证明，只看到一个细节可以提出疑点。

哈雷沙雷（Halle sur la Saale），

1882 年 9 月 15 日

……附上一个长久以来我一直很感兴趣的问题，想弄清“连续”概念的含义；如果您不觉得没用，我们可以互相讨论。

我试图归纳您的分割概念，将它应用在连续的一般定义上，但是我失败了。

哈雷沙雷，

1882 年 9 月 30 日

……如果关于连续概念的稿纸在您手上，请别忘记删掉最后一段，因为它基于一项错误。平方显然仍是我认为有次序的连续，只是它是一维的连续。

大数

位置命数法能让我们写出我们想要的任意大的数，然而，大数是什么？不能简化为纯书写数字的大数又是什么？它也许拥有一些数学观点上有趣的特性，也可能与自然界的现象有关。

10^{100}（101 个数字）：googol

如卡斯纳（Edward Kasner）及纽曼（James Newman）所解释：1*googol* 就是小学生在黑板上写着：10 000 000 000 000 000 000 000 000 000 000 000 000 000 000 000 000 000 000 000 000 000 000 000 000 000 000 000 000 000 000 000 000 000 000 000 000 000 000。

1*googol* 的定义是：1 的后面跟 100个0。在许多深入的研究后可以判定：降落在纽约的雨滴连续下 24 小时、一年或一个世纪，数目都比 1*googol* 还少。

googol 这个词是卡斯纳博士 9 岁的外甥创造的，他还提出了 googolplex，用以表示另一个更大的数，即 1 后面跟着 1*googol* 的 0，也就是 10^{googol}。

由于这些远见，作者们早在 25 年前就预测到此数在组合问题的证明上有很大用处。

存在于宇宙间的粒子总数，据估计约在 10^{72} 至 10^{87} 之间。

梅森数

17 世纪法国哲学家及数学家梅森对 2^n-1 这个式子的特别数尤感兴趣。梅森的第 *n* 个数计作：$M_n=2^n-1$。有些数是质数，有些则不是。关于梅森质数的研究十分受重视。

$2^{86243}-1$（25962 个数字）即使我们仍不确定，但在 1983 年，斯洛文斯基（David Slowinski）好不容易在他的 CRAY-1 电脑上发现第 28 个梅森质数。

他很满意这 25962 个数字，一共花了 1 小时 3 分钟又 22 秒才找到它，尽管为了找这个质数，之前的准备工作长达好几个月。

我们举个例子让你想象这样的计算过程：Apple Ⅱ 电脑每秒可以执行 25 万个指令。

CRAY 系列超级电脑的计算能力远超过 Apple 系列，因为其运算是以“浮点”进行。浮点在电脑中以二进位将每个数表示成标准科学记法。例如我们可用这种记法把每秒 299796 千米的光速写成 $10^5\times2.99796$ 千米。

CRAY 用 64 个位元代表一个数，其中 15 个可用于指数。

加法、乘法、减法或除法的运算都

当作一个指令。一个 *megaflop* 代表每秒一百万个浮点指令。最初的 CRAY–1 每秒可执行 150 个 *megaflop*。最近的型号则可达到 250、500 或 1000 个 *megaflop*。当克莱（Seymour Cray）推出 CRAY–3 系列时，他的目标是达到 100 亿的浮点运算流量，也就是一万个 megaflop 或每秒一百亿个指令。

$3^{\uparrow\uparrow\uparrow}3$ 及其他：格兰姆数（nombre de Graham）

被记录下来的大数的世界冠军，是由格兰姆（R.L.Graham）根据“朗氏理论”组合领域的相关问题所推断出来的。

格兰姆数无法通过惯用的次方记号来表示。即使我们把存在宇宙中的所有东西都变成墨水，也不足以写完这个数。这就是为何克努特（Donald Knuth）的这个记号变得重要的原因。

$3\uparrow 3$ 代表“3 的立方”，这就像常出现在电脑清册上的情形。

$3\uparrow\uparrow 3$ 代表 $3\uparrow(3\uparrow 3)$，换句话说就是 $3\uparrow 27$，这个数已经够大了：$3\uparrow 27=7625597484987$，也还容易以 3 的层叠方式表示：$3^{3^{3}}$。

$3\uparrow\uparrow\uparrow 3=3\uparrow\uparrow(3\uparrow\uparrow 3)$，也就是 $3\uparrow\uparrow 7625597484987=3\uparrow(7625597484987\uparrow 7625597484987)$。

当然，$3\uparrow\uparrow\uparrow\uparrow 3=3\uparrow\uparrow\uparrow(3\uparrow\uparrow\uparrow 3)$。虽然就像次方的表示法，在我们目前的标记方式下它已非常大，但这只是格兰姆数的开始而已。假设 $3\uparrow\uparrow\uparrow\cdots\uparrow\uparrow\uparrow 3$，这当中有 $3\uparrow\uparrow\uparrow\uparrow 3$ 个箭头。然后建立一个数 $3\uparrow\uparrow\uparrow\cdots\uparrow\uparrow\uparrow 3$，当中箭头的数目有 $3\uparrow\uparrow\uparrow\cdots\uparrow\uparrow\uparrow 3$ 个。

好个巨大又难以想象的大数！但我们却只能执行 $3\uparrow\uparrow\uparrow\uparrow 3$ 大数外的两个阶段！现在请按照这方法，取与 $3\uparrow\uparrow\uparrow\cdots\uparrow\uparrow\uparrow 3$ 相同的箭头数目，从 $3\uparrow\uparrow\uparrow\uparrow 3$ 开始，按照步骤，一直到 63 步。如此，你最后便可获得格兰姆数了！

韦尔斯（David Wells）
《奇妙数字字典》
埃罗勒（Eyrolles）出版社，1995 年

算盘

算盘的数字记法是建立在十进位制的原理上。这个令人惊异的快速计算工具并未过时，仍通行于很多国家中，尤其是中国。珠算比赛也是一种评价非常高的运动，得有敏捷的思考与灵巧的手。

算盘由一长方形框框、中间嵌有多个杆子所组成。

目前的算盘包含不同数目的杆子（可以为 11、13、17 或更多）。每条杆子上的珠子以横杆分成两层，并且可以自由活动。上层的每根杆子通常有 2 个珠子，下层则为 5 个。习惯上，上层每个珠子的值为 5，下层的每个珠子等于 1。中间的横杆用来作为标记：若不计算，就把珠子推向框框，相反地，若要计数，则把珠子拨往横杆。根据俄罗斯数学史家优什凯维奇（Youschkevitch）所言，这项珠子的特殊分配法，一方面与五根手指头相对应（下层的珠子），另一方面则与两只手相对应（上层的珠子）。然而，还有另一种说法：起初，这项系

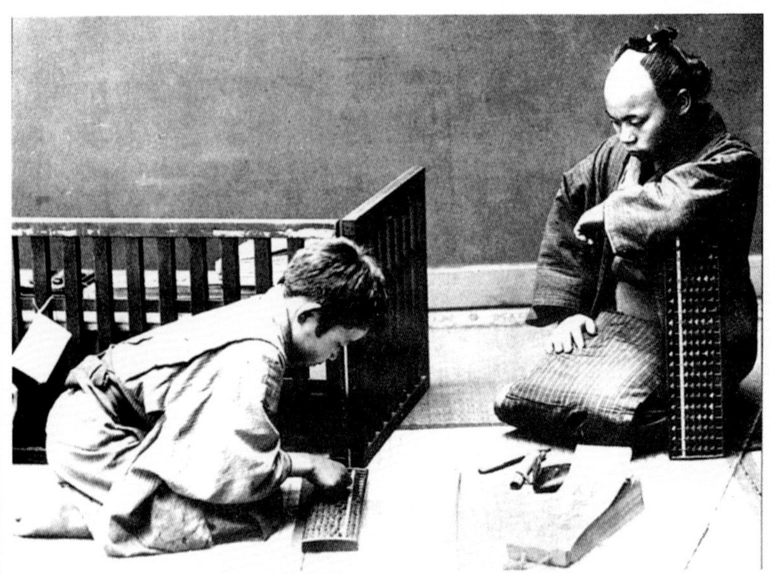

统是为了要简化计算单位（称为斤及两）的操作。事实上 1 斤等于 16 两，而每个杆上都可以记录 15 个单位以上，这就好像发明算盘的人一开始就希望以底数 16 来解决问题（当然，这个工具并不只限于计算斤和两的换算而已）。

算盘的数字记法是建立在十进位命数法的原理上，但对于这些介于 6 和 9 的数，5 就扮演了较占优势的角色，完全就像算筹的命数法。一如 1、2、3、4 以 1、2、3 或 4 个珠子的方法表示，这两个系统间有很明显的相似处。

算盘计算的原理建立在很独特、原创的规则上，如同乘法表一般，必须完完全全被牢记。我们机械式地应用着，这快速的运算令人看得目瞪口呆。我们常见有人举办一场惊人的竞赛：人以算盘计算来与电子计算机计算比赛，而常常是电子计算机居于下风。

原则上，这些规则不仅可以让我们进行四则运算，同时也能求得平方根及立方根。尽管如此，真正实行时，只用于加法及减法，原因很简单：算筹常用于学术性的计算上，而算盘则是做生意的基本工具。

算盘在中国的威信远远超越了买卖的限制。即使是现在，人们也继续地在教授算盘，同时，为了要简化这些古老的规则，许多教学研究也在进行着。

中国算盘在中国以外的地方是否会被运用或具有影响力？这似乎不大可能。例如俄罗斯算盘与中国算盘相较实在无法相比：两者结构完全不同，操作方式也不一样。

我们也可以对中国算盘的起源提出质疑。即使有很多人针对此问题进行研究，但是仍未有答案。我们只知道算盘是在 16 世纪下半叶才盛行于中国，有很多表现算数的木雕可作为这一时期的证据。

假设中国算盘源自算筹，而事实上就如我们所说的，以算盘表示的数及以算筹方法所表示的，将两者类比，在以上两种情况下，计算的规则其实也很类似：尤其是除法的规则在 13 世纪时是以算筹来计算的，随后又被发现使用于算盘的计算上。

其实，如果算盘在 13 世纪就存在的话，那些常常到中国旅行的欧洲游客却不曾提及此事，这件事要如何解释？为什么后来的人也没想到要研究这门学问呢？

马若安（Jean-Claude Martzloff）
《中国数学史》（*Histoire des mathématiques chinoises*）
马松出版社，1987 年

清点人数

“谁能清点雅各（Jacob）的尘土？”测量的第一步是计数。人口普查为调查人口、计算人数的一项工作，在古代常被视作是一种罪行。希腊文版《圣经》的“五经”（Pentateuque）中的第四卷书 Arithmoi，即译为《民数记》。

《圣经》自首卷《创世记》至末卷《启示录》都多次提到人口普查。在拉鲁斯（Pierre Larousse）所著《19 世纪百科字典》（*Dictionnaire* encyclopédique du XIXe siècle）中“人口普查”词条下记载着，古老的人口普查是摩西和亚伦在沙漠中点数犹太人民。然而我们现在已知道人口普查的施行已逾数千年，比摩西时代更早，通行于各大文明中，特别是在临近地中海的近东地区。

我不认为人们曾经在那些部落文明中做过人口普查，因为大家彼此熟悉。相反地，在一些大帝国，如埃及、巴比伦、印度、中国，为了财税及战争的缘故必须要计算人数。而《圣经》以清点人数的方式告诉我们：它以民族的名义，对我们诉说人性，一种由无所不在的神所默示的人性，它是这样的一卷书！……

收录在《创世记》中一篇很古老的文献记载，耶和华历经对亚当这特殊创造物的失望之后，与一位他所选择的人——亚伯兰（Abram）缔约，神向他保证，他的后裔将“无法计数”，就像苍穹的众星一般。后来，当这项盟约透过割礼确立下来时，耶和华说：“你将成为多国的父。从此以后，你的名不再叫亚伯兰，要叫亚伯拉罕（Abraham），因为我立你做多国的父。”在亚伯拉罕愿意把他的“独”生子献祭之后，耶和华又说：“你既行了这事……我必叫你的子孙繁多起来，如同天上的星，海边的沙。”于是无法清点族长的后裔。它并不包括有害的人类，因为亚伯拉罕的后裔不守此盟约，但仍必须计算那些遵守盟约的人。

由于扮演计数的角色，《圣经》的希腊文译者提到“五经”的第四卷书《民数记》，希伯来文为 Bemidbar，意即“在旷野”。事实上，我们发现有两次人口普查：一次是在书的开头，犹太人出埃及后，但是不包括利未人；另一次是在书的末尾，犹太人的子孙将进入神所应许之地前，这次有提及利未人的人数。但两次点的人都不相同：因为先前的人因不信任神而死在旷野了。相反地，从第二次人口普查开始（26 章），人民进入迦南后，文章就不再提及死亡。人口普查只清点 20 岁以上的男丁。

耶和华说："你要计算犹太人所有家室、宗族、人民的男人数目。凡犹太人中，20 岁以上能出去打仗的，你和亚伦要照他们的军队数点。每支派中必有一人做本支派的族长，帮助你们。"

在清点人数之后，写下"清查总数共有六十万三千五百五十名"。至于进入迦南地的犹太人，按相同的方法清点，总数为"六十万一千七百三十名"。评论家长久以来都相信这些数目的真实性，而以现今的眼光来看，实在难以想象。有很多可能的解释。例如："犹太子民"数值 603（2+50+10+10+300+200+1+30），这也是第一次清点成千上万的数值。同时，也是为了继承应许之地而做的人口普查："要按着祖宗各支派的名字，承受为业。"……

导致大卫（David）有罪的人口普查特别记载在《撒母耳记》中，这是部罕见的文学作品。这是神向犹太人及犹大（Juda）发怒（我们并不了解原因），他"强加激发"大卫清点百姓人数。约押（Joab）与其他众军长负责此项任务，非常地惊愕，因为他知道清点人口的危险性。这项知识可能来自《民数记》第 23 章第 10 节，一位杰出先知巴兰（Balaam）所题的诗歌："谁能清点雅各的尘土？谁能计算犹太人民？"然而约押却遵行了大卫的命令，而这项人口普查工作历时良久：这项工作由穿越约旦河开始，经过许多他乡异土，最后回到耶路撒冷，共费时 9 个月又 20 天。完成这项长途跋涉的工作后，清算出犹太人和犹大的军人士兵。

卢梭（Etienne Rousseau）
《清点人数的罪行》
摘自《数字与地中海》，1992 年

数如何在孩童的思想中成形

瑞士心理学家皮亚杰认为唯有借助于实验，才能了解数的本质。于是他证明了心灵对数并没有立即的直觉，然而也没有人不会记得他后天获得的知识。简言之，我们并不精确知道数何时及如何在儿童的思想中成形。我们只知道在那之前及之后的情形。

没有什么概念比整数的概念更清楚、更明晰，也没有什么操作其结果比初等算术更明确：它是一门孩童就能弄懂的科学，一门任何人都不质疑其有效性的科学，其初始公理不断得到丰富，但其自身根基从未被动摇。如果我们比较命题“1+1=2”与命题“所有有机体（les organismes）都始于卵子（un œuf），将不断生长、老化和衰亡”，我们发现，前者所有符号的指代都明确无比，而后者的每个词儿都含义模糊；可以说，这两种真理提出的认识论问题的简单性与概念本身的清晰性成反比。事实上，每个人都会同意将第二个命题视为源自经验，即使一位哲学家假装从有机体的概念中能先验地推导出卵子、生长、老化和衰亡这些概念，他也会从简单的观察开始，来了解这些现象的存在（生物学家们总是通过更多的实验来论证）。

但相反，数的认识论含意却产生了最多样化、最相互矛盾的假设，以至于很难区分和分类问题。命题“1+1=2”是真理、惯例还是重言式陈述？我们接受这个等式是否首先依据经验？那又是哪些经验呢？抑或，它是先验构建的？还是直接直觉的对象？那又是什么样的直觉呢？数是第一实体，还是简单逻辑运算的综合？尽管算术的运算公理仍然是无可争议的，但“数

是什么”这个问题揭示了一种惊人的无能：我们无法确知工具的本质，然而，我们却认为自己完全理解，并几乎在每个行为中都使用这些工具。

数作为工具的明确性与数学家自己所构建的认识论的混乱性，两者之间的对比本身就证明了遗传学研究的必要性：思维对其自身机制的运作要素的无意识，实际上是其基本性质的心理指征，因此很重要的是，要回到其形成之初才能窥知。

ALPHABET

Lettres Majuscules

A B C D E F G H I J
K L M N O P Q R S T
U V W X Y Z

Lettres Minuscules

a b c d e f g h i j k l m
n o p q r s t u v w x y z

Chiffres

I II III IV V VI VII VIII IX X
1 2 3 4 5 6 7 8 9 10

让我们简单回顾一下意大利数学家暨逻辑学家皮亚诺（Giuseppe Peano，1858—1932）的5个有名的公理，其中只包含0，n（任意数）及后继数（基本定理 + 任意数有一个后继数）这3个基本概念，便足以生成所有的自然数：（1）0是一个自然数；（2）任意自然数的后继数也是一个自然数；（3）两个不同的自然数的后继数都不同（或者，如果两个自然数的后继数相同，则这两个数相同）；（4）任何自然数的后继数都不是0；（5）如果一个集合包含0和任意自然数n，并且如果n的后继数也属于该集合，则该集合包含了所有的自然数（完全归纳法）。

皮亚杰

字词与数字

1960 年 11 月，一些喜爱数学的作家及醉心文学的数学家，聚在一起组成了一个“潜能文学工场”（Oulipo : Ouvroir de littérature potentielle）。格诺（Raymond Queneau）即是受此运动启发的成员。“潜能文学工场”创作的令人惊艳的杰出作品，预先证明了文字与数的结合也能创造和谐的关系；而我们是以形同精致古礼的方式在对待这样的结合。

莱布尼茨 20 岁时发表《组合艺术论文》（*Dissertation de Arte Combinatoria*），企图找出一个新的数学支系，涵括逻辑、历史、伦理学、形而上学等领域。他做了各种不同组合：三段论（syllogisme）、法律形式、颜色、声音；然后以 2 对 2、3 对 3 等组合来说明，写下 com2natio、com3natio 等。

在造型艺术方面，这想法不全然创新，因为几年前画家老勃鲁盖尔（Breughel）便把笔下人物的颜色标号，然后再掷骰子决定；音乐方面，我们开始隐约感觉到新的可能性，它启发了莫扎特玩他的“音乐游戏”，一种卡片，适用于所有华尔兹、回旋曲及小步舞曲。但在文学方面，它参与了什么？

直到 1961 年，“组合文学”（Littérature Combinatoire）这字眼才出现，它无疑是由勒里奥内（François Le Lionnais）首次在格诺《诗海》的后记中发现的。文学，我们明白是什么；但组合呢？……

为了尝试做更精确的定义，我们以“结构（configuration）”的概念为依据；每当我们拥有有限数量的对象时，我们都会寻求一种结构，且希望以符合预定约束的方式排列；平方、有限几何都是结构，也可说是在一个很小抽屉中放置各种不同大小的排列，或者预先给出单词、短句的排列（在定好的约束足以“机灵”地呈现真实问题的情况下）。一如以算术来研究整数（以古典的运算方式），以代数研究一般的运算法则，以分析法研究方程式，以几何学研究形状等，拓扑学则不是如此，它是以组合学研究结构，想证明我们所希望的形式是存在的。如果这项存在毋庸置疑，它将可针对结构进行计数（计量相等或不相等），或对结构普查（列表），或者提出一个“最佳值”（最佳值问题）。

因此我们不会对这样一个问题的系统研究，其衍生出可以随意在语言领域中转换的大量新数学概念而感到讶异。组合“瘙痒症”在“潜能文学工场”中肆虐成灾。

在组合文学的“石器时代”，最粗糙的形式我们也必须要标明，那就是所谓的因数诗（la poésie factorielle），在因数诗中，有些文章的元素能随着读者(或偶然地)以“任何可能的方式”进行排列；感觉会变，但是句法的正确性还在。……

另一个最有名的组合诗的形式是费氏诗（fibonacciens），也可称为一篇文章,分解成各种要素(句子、韵文、字)，只利用非并列在原创作中的要素来叙述。

这种诗的形态被称为费氏诗，因为经由 n 个要素，我们所能形成的诗的数目只不过是费氏数的另一面罢了：

$$F_n = 1 + \frac{n!}{1!\,(n-1)!} + \frac{(n-1)!}{2!\,(n-3)!} + \frac{(n-2)!}{3!\,(n-5)!} + \cdots$$

以下诗句的法文来源可轻易认出：

Feu filant
炽烈的火
déjà sommeillant
已沉睡
bénissez votre
赐福于你的
jos
骨头
je prendrai
我将拿起
une vieille accroupie
一位蹲着的老人
vivez les roses de la vie !
生命玫瑰万岁！

很可惜，很难发明能够适用于各种方法或跳跃规则，同时还能保存其文学品质的文章。

潜能文学工场
《潜能文学》
法国伽利玛出版社，1973 年

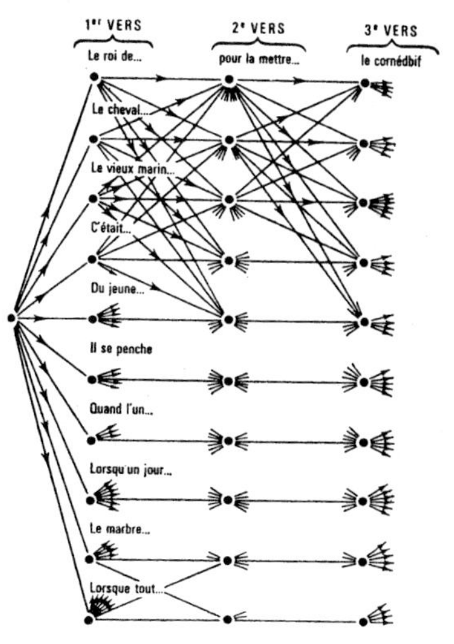

《诗海》的架构图原则（所有的弓形及顶峰都未画出）

1001 个数字与尘沙

1 与 0 的表演搬上舞台，有一幕一场。“无名小数学家”邀请大家一同参加数的王国之旅。这些数学角色在电影与舞台剧中塑造出许多有趣的人物，足以诠释那些发生在数学领域中的真实事件。一次真实的“戏剧认知论”派上用场。

小数学家：这是世界之初。

某个声音：是由数开始？……

小数学家：是的，据说是由数开始的。

灯光渐暗。夜幕低垂。寂静的夜晚。天破晓。1 竖起独特的脚出现。

小数学家：一天，1 存在了。这是第一天。前一夜，它并不存在，第二天它就存在了。

1 环视四周，像是要确定它是唯一的。

1：一……

小数学家：空旷的宇宙中传播着 1 的叫声……那是唯一听得到的声音。

1 大叫着，竖起它独特的脚。

1：我是独一无二的……

小数学家：它就是这样，自满而快乐。

小数学家：它爱自己……它爱自己……它不久将会因无法再赞赏自己的形象而伤心不已。

小数学家：看吧，看吧！镜子！镜子！

蹦蹦跳跳的 1 竖起它独特的脚，在宇宙中乱跑着。

小数学家：它竖起独特的脚在宇宙中乱跑着。咚，咚，咚……咚，咚……那边有个充满清水的水池！

小数学家走向水池，弯下身……

小数学家：它弯下身看见自己。真是美啊！它俯身亲吻了纳西索斯（Narcisse，希腊神话中恋慕水中自己的倒影，最后憔悴而死，死后化为水仙）。再吻一次。但在顷刻间，它变成两个。

小数学家（面对观众）：啊！是的，有 2 个才能互相喜爱。

（停顿片刻）湖面波光粼粼，耀眼

如钻石。陶醉着。水变混浊。湖中涌出某样东西。

小数学家：噢，又一个！还来一个！

3自湖中跳出。

小数学家：你是谁？

3：我叫作3。我是你、你和你。

1：你假冒我、我和我。

3：对，我这个3是你、你和你。

小数学家：开始啰！习性养成了。踏上细胞分裂（Cythère）的旅程。1无止境地不断复制。

在一张表上，小数学家写着：1+1+1+1+…

1：1加1加1加1。我加我加我。（愈来愈快）1加1加1加1……我加我加我。（安静下来）我、我、我……又是我，一直是我。永远都是我。除了我以外，仍然是我，一直在增加！把一个置于另一个，把独一的置于复制品。

小数学家（面对观众）：1，自己加自己，形成一个接着一个的数，没有终止。

然后，他轻蔑地指着脚边众多的数字，骄傲地拍拍胸脯。

1：1与其他！

（他的表情僵硬，带着恨意，咧嘴强笑）

1憎恶其他人。

如果没有我，他们将会如何？他们不都是我的复制品吗？

摘自本书作者的剧本

名词释义

算术（Arithmétique）：
数的科学，用于研究计算及解决数学问题的学问及定理。基本的算术运用包括：加法、减法、乘法、除法、乘方及开根号。

几何算术（Arithmo-géométrie）：
以点状表示整数，其和构成所代表的数。

数字（Chiffre）：
表示数的文字及符号。

自然数（Entiers naturels）：
正数及整数，集合表示为 N={0,1,2,3,…}。

正、负整数（Entiers relatifs）：
正整数与负整数加上 0 的集合，表示为 Z = {…,–3,–2,–1,0,+1,+2,+3,…}。

计算术（Logistique）：
计算的艺术，实用算术。

过剩数（Nombre abondant）：
凡小于其本身约数之和的自然数，如 12 是过剩数。

代数数（Nombre algébrique）：
有理系数多次方程式的根。

亲和数（Nombres amiables）：
二数中的一数之各约数的和等于另一数；如 220 与 284 为亲和数。

无理数（Nombre irrationnel）：
无法表示为两个整数之商者的实数。

不足数（Nombre déficient）：
凡其因数（包括 1，但不含本身）之和小于本身之正整数。

黄金数（Nombre d'or）：
实数 F，以小数表示为 1.618033…。

梅森数（Nombre de Mersenne）：
梅森的第 n 个数 M_n 以 $2^n–1$ 表示的数。例如 $M_3=7$。

完全数（Nombre parfait）：
某整数等于其正因数的和。

质数（Nombre premier）：
只能被 1 及本身整除的自然数。

孪生质数（Nombres premiers jumeaux）：
相差为 2 的两个质数。如 17 和 19。

超越数（Nombre transcendant）：
并非代数的实数，例如 π 为超越数。

复数（Nombres complexes）：
由任两实数 a、b 及虚数单位 i 组成的数 a+ib 即是复数，其集合记作 C。有理数与无理数的集合称为实数，记作 R。

有理数（Nombres rationnels）：
形如 a/b 的分数，a 和 b 为整数，b ≠ 0，形成有理数 Q 的集合。

三角形数（Nombres triangulaires）：
以 n（n+1）/2（n 为自然数）所表示的数，例如 6。

命数法（Numération）：
写下数字的方法（文字命数法）；发音的方法（口语命数法）……“使抽象的数字概念变得更精确并维持记忆的方法，是写下并命名各种数字的系统。”

除数、约数（Partie [ou diviseur] propre）：
某数除了自身以外的因数。

大事记

公元前 30000 年
旧石器时代在动物骨头上刻痕计数。

公元前 8000 年
美索不达米亚及中东地区发现计数石头。

公元前 3300 年
苏美尔及艾兰（Elam）出现最初的数字及第一个文字命数法。

公元前 2700 年
苏美尔人使用楔形数字。

公元前 2000 年
十进位制底数出现。

公元前 1800 年

第一个位置命数法在巴比伦出现。

公元前 1300 年

中文数字出现。

公元前 6 世纪

发现无理数。毕达哥拉斯区分奇数与偶数，发展连通数概念与其他数的理论。

公元前 4 世纪

无穷大概念的最早危机。亚里士多德发现无穷大的数学概念。

公元前 300 年

希腊字母命数法出现。

公元前 3 世纪

历史上首次出现零：巴比伦命数法的零。有限的概念第一次被提出。阿基米德写下 π 理论。

公元前 2 世纪

无 0 的中文位置命数法出现。梵文的 9 个数字出现，后来发展为印度数字。

1 世纪

开始使用负数。

4—5 世纪

印度位置命数法、带 0 的十进位命数法出现。

5—9 世纪

带 0 的玛雅位置命数法出现。

8 世纪末

印度算术传到巴格达。

9 世纪初

花剌子米写了一本代数著作。

10 世纪

土盘算法出现在北非马格里布地区及伊比利亚半岛。这些数字都有一个不同的印度数字图形，通用于中东地区，是今日西方数字的前身。

12—13 世纪

印度命数法中的 0 在西欧出现。

12—15 世纪

“阿拉伯”数字的时代在西欧以图像形式确立下来，并沿用至今。

13 世纪

序列首次使用。

15—16 世纪

印刷术的使用令印度-阿拉伯数字获得确定的图形。使用带 0 的位置命数法的书面计算普及到西方。

16 世纪

连续分数首度使用。邦贝利与卡当首次提出复数概念。

16 世纪末

韦达发明文字记法。

1635 年

找到极小值。意大利数学家卡瓦列里（Francesco Cavalieri,1598—1647）发明除不尽法，是研究积分法的先驱，并写有三角学著作。

1638 年

伽利略首次提出无限聚集的式子。

1639 年

笛卡儿发明解析几何。

1654 年

法国数学家帕斯卡（Blaise Pascal,1623—1662）提出数学归纳法。

约 1677 年

牛顿及莱布尼茨发现无穷小计算（calcul infinitésimal）及使用无限序列系统。

1797 年

高斯发现复数的几何解说。

1820 年

波札诺（B. Bolzano, 1781—1848）首次提出聚集函数的乘方。

1825 年

阿贝尔发现无法以根式表示的代数。

1843 年

英国数学家汉弥尔顿发明四元数。

1844 年

法国数学家刘维尔（Joseph Liouville, 1809—1882）发现超越数。

1844 年

德国数学家格拉斯曼（Hermann Günther Grassmann, 1809—1877）发表扩张论。

1867 年
德国数学家汉克尔（Herman Hankel, 1839—1873）首次明确提出形式定律的不变原则。
1872 年
戴德金首度提出无理数的科学理论。
1883 年
康托尔第二个提出无理数的科学理论。
1883 年
康托尔发明超限数。
1897 年
意大利数学家布拉利－福尔蒂（Cesare Burali-Forti, 1861—1931）发现集合论的矛盾。
1996 年
费马问题得到怀尔斯的验证。

参考书目

- Badiou, A., *Le Nombre et les nombres*, Seuil, Paris, 1990.
- Beaujouan, G., *Par raison de nombres. L'art du calcul et les savoirs scientifiques médiévaux*, 1991.
- Beneze, G., *Le Nombre dans les sciences expérimentales*, PUF, Paris, 1961.
- Charrand, N., *Infini et inconscient*, Anthropos, Paris, 1994.
- Crump, T., *Anthropologie des nombres*, Seuil, Paris, 1995
- Cuisenaire, G. et Gattegno C., *Les Nombres en couleur*, Delachaux et Niestlé, Paris, 1955.
- Dantzig, T., *Le Nombre, langage de la science*, Blanchard, Paris, 1974.
- Darriulat, J., *L'Arithmétique de la grâce*, Les Belles Lettres, Paris, 1994.
- Frege, G., *Les Lois de base de l'arithmétique*, 1893.
- Guedj, D., *One Zéro Show. Pièce en O acte et Un tableau... blanc*, Seuil, Paris, 2001.
- Guedj, D., *Le Théorème du Perroquet*, Seuil, 1998.
- Guitel, G., *Histoire comparée des numérations écrites*, Flammarion, 1975.
- Hogben, *L'Univers des nombres*, Paris, Pont–Royal, 1962.
- Ifrah, G., *Histoire universelle des chiffres*, Laffont, Paris, 1981, rééd. «Bouquins», 1995.
- IREM, *Images, Imaginaires, Imaginations, une perspective historique pour l'introduction des nombres complexes*, Ellipses, 1998.
- Itard, J., *Arithmétique et théorie des nombres*, PUF, «Que sais–je?», 1967.
- Le–Lionnais, F., *Les Nombres remarquables*, Hermann, 1983.
- Massignon, L. et Yousehkevitch, A. P. «La science arabe» in *Histoire générale des sciences*, tome 1, PUF, Paris, 1966.
- Michelot, A, *La Notion du zéro chez l'enfant*, Vrin, Paris, édité avec le concours du CNRS, 1966.
- Neveux, M. et Huntley, H. E., *Le Nombre d'or*, Seuil, «Points Science», Paris, 1996.
- Pascal, D., *Le Problème du zéro. L'Economie de l'échec dans la classe et la production de l'erreur*, Aix–Marseille, 1980.
- Piaget, J., *Logique et connaissance scientifique*,Gallimard, Paris, 1967.
- Piaget, J., *L'Introduction à l'épistémologie génétique.– La Pensée mathématique*, PUF, tome 1, 1973.
- Piaget, J. et Szeminska, A., *La Genèse du nombre chez l'enfant*, Neuchâteau, Paris, 1941.
- Pise, L. D., *Le Livre des nombres carrés*, Desclée de Brouwer, Bruges, 1952.
- Plotin, *Traité sur les nombres*.
- Rashed, R., *Arithmétique de Diophante*, Les Belles Lettres, Paris, 1984.

– Regnault, J., *Les Calculateurs prodiges*, Payot,Paris, 1952.
– Warusfeld, A., *Les Nombres et leurs mystères*,Seuil, Paris, 1961.
– *Mathématiques en Méditerranée*, Edisud, Marseille, 1988.
– Wells, D., *Dictionnaire Penguin des nombres curieux*, Eyrolles, 1995.

期刊

–«Les nombres», hors série *Science et vie Junior*,octobre 1996.
– «Comptes et légendes», *Courier de l'Unesco*, novembre 1995.
– «Les nombres», hors série *Science et Avenir*, mars 2000.

图片目录与出处

卷首

第 1—9 页　背景 《10 的倍数》，照片。
第 1—9 页　1 到 9 的数字。
扉页　印度位置命数法的十个数字。

第一章

章前页　以物易物的场景，《伟大的铁诺奇帝兰城》细部，壁画。迭戈 · 里维拉（Diego Rivera）绘，1945 年。墨西哥，国立宫殿。
第 1 页　手印。
第 2—3 页　伊丽莎白 · 泰勒的 10 幅画像，油画及漆画。安迪·沃霍尔作，1963 年。巴黎，国立现代美术馆。
第 4 页　鹿角的刻痕。法国旧石器时代后期奥瑞纳（Aurignacien）文化。法国圣日耳曼拉耶（Saint-Germain-en-Laye），国立古董博物馆。
第 5 页　手指计算数字，手稿。贝德（Bède）作，10 世纪。巴黎，国家图书馆。
第 6 页　手指计算。15 世纪。巴黎，国家图书馆。
第 7 页上 / 下　马塞人的命数法系统。迪特 · 阿佩尔特（Dieter Appelt）摄。1977 年。
第 8 页　数字的抽象作品。文森特 · 利沃（Vincent Lever）绘。
第 9 页　放射状的手。文森特 · 利沃绘。
第 10 页　学习计算的黑猩猩，照片。
第 10—11 页　奥斯登（M. von der Osten）与他会计算的马，照片。1904 年。

第二章

第 12 页　埃及卡尔纳克（Karnak）图特摩斯三世（Thoutmosis Ⅲ）陵墓的一面墙，上刻有十进制，照片。
第 13 页　穿着数字衣服的人，彩券广告。19 世纪。西班牙马德里，市立博物馆。
第 14—15 页　在阿富汗学习珠算。照片。
第 15 页　古希腊酒坛上的画，细部，描绘献贡给大流士。4 世纪。意大利那不勒斯，国立博物馆。
第 16 页　结绳，瓜曼 · 波马（Guaman Poma）著《印加史》中的版画。
第 16—17 页　苏美尔人签约时放小石子的球、小石头、黏土石等。约公元前 3300 年。巴黎，罗浮宫博物馆。
第 18—19 页　小麦的采收与计算，曼纳（Menna）陵墓壁画细部。埃及底比斯的贵族墓园。
第 19 页　盖诺著作《诗海》的标题。
第 20 页　拉格什（Lagash）王子埃蒙塔兹（Ementarzi）统治时期的会计报表。约公元前 2400 年。巴黎，罗浮宫博物馆。
第 20—21 页　达官显要与誊写员面对国王，亚述宫殿壁画的复制品。提尔·巴尔西普（Tell Barsip）作。巴黎，罗浮宫博物馆。
第 21 页　巴比伦人的数字符号。

第 22—23 页　《王子在享用祭品》，尼佛亚贝王子石碑石灰画。古埃及王朝，公元前 2600 年。巴黎，罗浮宫博物馆。
第 23 页　以埃及象形文字表示 1996 年。
第 24 页上　罗马数字。
第 24 页中　阿拉伯数字。
第 24 页下　印度－阿拉伯数字。
第 25 页　《耶稣的孩提生活》，意大利人休多·马修（Pseudo Matthieu）手稿。8 世纪。巴黎，国家图书馆。
第 26 页　《阿兹特克城的贡品》，载于门多萨抄本。16 世纪。英国牛津，博德利（Bodleian）图书馆。
第 27 页　玛雅数字的前 19 个。
第 28—29 页　《山脉景致》，载于德累斯顿抄本片段。洪堡（Humbolt）作，1810 年。
第 30—31 页　罗马数字。
第 31 页　刻于黄铜上的高卢历法片段，细部。一世纪末。法国里昂，高卢－罗马文明博物馆。

第三章

第 32 页　数学家肖像，细部。巴特尔·贝汉姆（Bartel Beham）绘，16 世纪。奥地利维也纳，维也纳艺术史博物馆。
第 33 页　数学家肖像。巴特尔·贝汉姆绘。维也纳，维也纳艺术史博物馆。
第 34 页　加莱除法，普林顿（Plimpton）227 号手稿。16 世纪。纽约，哥伦比亚大学。
第 35 页　普林顿 184 号手稿。约 1442 年。纽约，哥伦比亚大学。
第 36 页　位置命数法。文森特·勒韦绘。
第 36—37 页　四元体（*Tetraktys*）。瑞玛·格尔洛文（Rimma Gerlovina）与瓦雷里·格尔洛文（Valeriy Gerlovin）摄。1989 年。
第 37 页　版画，载于《巴亚松的书写艺术》。18 世纪。
第 38 页上　由上至下，从 1 到 0 的古梵文、梵文及古印度数字。
第 38 页下　巴克沙里手稿片段，极可能出自 12 世纪。牛津，博德利图书馆。
第 38—39 页　阿拉伯数字的演变。
第 39 页　阿拉伯数字。
第 40 页　《四则算法之歌》开头目录，德·维尔迪厄著。13 世纪。德国达姆施塔特，黑森山区图书馆。
第 40—41 页　木刻画。雷斯奇（Reisch）绘。1504 年。巴黎，国家图书馆。
第 42 页　日晷仪及两脚规。1453 年。伦敦，大英博物馆。
第 42—43 页　希腊乘法表。1 世纪初。伦敦，大英博物馆。
第 44 页中　中文数字。
第 44 页下　俄罗斯算盘，照片。
第 45 页　算数，挂毯。16 世纪初。巴黎，克吕尼博物馆。
第 46 页上　莱布尼茨肖像，绘画。18 世纪。德国汉诺威，下萨克森州博物馆。
第 46 页下　代表二进位制的纪念章。莱布尼茨设计。1697 年。
第 47 页　双波纹，米格尔·舍瓦利耶（Miguel Chevalier）的二进制作品。1990 年。马赛尔·卡茨（Marcel Katz）收藏。

第四章

第 48 页　小小数学家，数学游戏。约 1880 年。法国鲁昂，国家教育博物馆。
第 49 页　《很难回答》，粉蜡笔画。让·若弗鲁瓦（Jean Geoffroy）绘。1888 年。鲁昂，国家教育博物馆。
第 50 页　欧几里得，马克斯·恩斯特（Max Ernst）绘。1945 年。美国休斯敦，梅尼尔基金会。
第 50—51 页　以羽毛笔绘数学作业的三角形乘法表。沙法尔（J.J.Chaffard）作，1793 年。鲁昂，国家教育博物馆。
第 51 页　除法表。同上。
第 52 页　赌场的轮盘赌，照片。1994 年。
第 53 页　《我看见金色的 5》。德穆思绘。纽约，大都会博物馆。
第 54—55 页上　质数 17，水彩画。克利绘。1923 年。瑞士巴塞尔，艺术博物馆。
第 54—55 页下　1963 年发现第 23 个梅森质数的纪念邮戳。
第 56—57 页　埃尔泰（Erté）设计的数字。伦敦，《七艺》(*Sevenarts*) 月刊公司。
第 58 页上　巴黎科技博物馆内的钟，照片。1991 年。
第 58—59 页　阿皮亚努斯（Apianus）《宇宙志》中的版画细部。1529 年。
第 60 页上 / 下　神奇的正方形，《忧郁症》，木刻画细部。丢勒作，1514 年。巴黎，国家图书馆。
第 61 页　塔比 · 伊本 · 库拉著作《亲和数》插图，圣索菲亚教堂（Aya Sofya）4830 号手稿。伊斯坦布尔。
第 62—63 页　《算术》，羽毛笔及彩色铅笔画。罗兰·托波尔（Roland Topor）绘。1978 年。
第 64 页　《费马》，肖像，细部。罗兰 · 勒菲弗尔（Rolland Lefèvre）所有。17 世纪。法国纳尔博纳（Narbonne），艺术与历史博物馆。
第 64—65 页　费马著作数学杂（*Miscellanea mathematica*）首页。17 世纪。法国土鲁斯（Tolouse），市立图书馆。
第 65 页　怀尔斯，照片。1993 年。

第五章

第 66 页　《引人注意的数字》封面。弗朗索瓦 · 勒利奥内（François Le Lionnais）著。1983 年。巴黎，赫尔曼（Hermann）出版。
第 67 页　笛卡儿图解开平方根。版画。
第 68 页中　以硬币表示除法的算术。版画。
第 68 页下　记账中的印度商人。阿杰梅尔（Ajmer）摄。
第 69 页　符号记法。雷科德作。1557 年。
第 70 页上　埃及的分数。文森特 · 利沃绘。
第 70 页中 / 下　《莱因德纸草书》片段。公元前 1600 年。伦敦，大英博物馆。
第 71 页　以图像表示三角形、正方形、五边形的数，载于波伊提乌《论算术》手稿。巴黎，国家图书馆。
第 72 页下　毕达哥拉斯半身青铜像。公元前 4 世纪。根据希腊原版做的罗马复制品。那不勒斯，国家博物馆。
第 73 页　直角三角形。文森特 · 利沃 绘。
第 74—75 页　乐谱。
第 76 页　《数学之钥》中一页。阿卡锡著。
第 76—77 页　斯蒂文《论十进》中一页。1585 年 。
第 77 页　《数字科学三部曲》手稿，许凯著。1484 年。巴黎，国家图书馆。
第 78 页　实数线。文森特 · 利沃绘。
第 79 页　《计算机》一剧的海报。科林绘。1925 年。私人收藏。
第 80 页　《完全平方》。布劳绘。私人收藏。巴黎。
第 80—81 页　数学家帕乔利肖像。巴里（J. Bari）绘。那不勒斯，卡波迪蒙特博物馆。
第 82—83 页　《耶稣下十字架图》。维登绘。约 1436 年。马德里，普拉多博物馆。
第 84 页　《虚数》。唐吉绘。1954 年。提森·波涅米萨博物馆收藏。马德里。
第 85 页　复数图。文森特 · 利沃绘。
第 86 页　从自然数到复数各种数的集合。文森特 · 利沃绘。
第 87 页上　《数学家伽罗瓦》。其兄弟阿弗亥（Afred）绘。1848 年。
第 87 页下　《当已知数遇到未知数》，寓意画。索尔 · 斯坦伯格（Saul Steinberg）绘。
第 88—89 页　《阿基米德之死》。德乔治绘。19 世纪。法国克莱蒙费朗（Clermont-Ferrand），美术博物馆。
第 89 页　π 的小数。
第 90 页　《数学》，科林为拉威尔的梦幻剧《孩童与魔法》设计的服饰。巴黎，歌剧院图书馆。
第 91 页上　《化圆为方研究史》的标题页插图。蒙蒂克拉（Montucla）作。1754 年。

第 91 页下 《化圆为方》，版画。阿基米德绘。

第六章

第 92 页　数字 0。约翰斯绘。1959 年。私人收藏。

第 93 页　亚瑟·凯斯特勒（Arthur Koestler）《零和无穷尽》封面图，1959 年。

第 94 页　数字 1。埃尔泰绘。伦敦，《七艺》（*Sevenarts*）月刊公司。

第 95 页 《无题》。布拉沃绘。巴黎，Got 艺廊。

第 96 页上　人形花体数字 0，版画。19 世纪。米兰。

第 96 页下 《药剂师》，壁画。卡斯特略·伊索涅（Castello Issogne）绘。

第 97 页　三度空间的二进位。米格尔·谢瓦利埃作。1989 年。

第 98—99 页　直径 3 米的日晷仪，以红色陶土及白色大理石制成。照片。印度斋浦尔的简塔·曼塔（Jantar Mantar）天文台。

第 99 页　玛雅人各种 0 的形状。载于《法典》（*Codices*）。来自鲍迪许（C. Bowditch）。

第 100—101 页　亚里士多德与柏拉图，《雅典学派》细部，壁画。拉斐尔绘。1483—1520 年。梵蒂冈。

第 101 页　根据欧多克斯（Eudoxe）与亚里士多德的模型建立的太阳系，版画。

第 102—103 页 《圆形的极限》第四号《天堂与地狱》。埃舍尔作。1960 年。荷兰，海牙地方博物馆。

第 103 页　各种不同大小数字的静物画。

第 104 页　康托尔在哈雷（Halle）大学授课。1894 年。巴黎，国家图书馆。

第 105 页　戴德金肖像。

第 106—107 页 《看得见的诗》，载于《牛头人身怪物》。恩斯特绘，1934—1936 年。

第 108—109 页　类星体。

第 108 页　以希伯来文第一个字母写成的 a^0。

第 109 页　康托尔在 a 上保持平衡；神位于云端上，而德国数学家克罗内克尔（Leopold Kronecker）位于无穷大上批判康托尔的理论。巴比（Barbe）绘。

第七章

第 110 页　二进位制螺形线。米格尔·舍瓦利耶作于 1990 年。

第 111 页　报税。西内（Siné）绘。

第 112 页 《时代精神：机械头》。豪斯曼作，1919—1920 年。巴黎，国立现代美术馆。

第 113 页 《节制》，版画。勃鲁盖尔（Brueghel）绘。巴黎，国家图书馆。

第 114 页　社会保险卡。

第 114—115 页　法国《世界报》（*Le Monde*）的股市版面。

第 115 页　信用卡。

第 116 页 《无题》。布拉沃绘。巴黎，Got 艺廊。

见证与文献

第 117 页　手指计算，版画。15 世纪。

第 120 页　阿基米德像，版画。

第 122 页　柏拉图像，版画。

第 123 页　算术的寓意画，细部。

第 127 页　分数的细节。

第 132 页　希腊测量学的浅浮雕。牛津，博德利图书馆。

第 134 页　使用新度量，版画。约 1796 年。

第 135 页　法国大革命期间国民教育的十日课表。

第 136 页　亨利·庞加莱像。

第 141 页　格奥尔格·康托尔和他的妻子，摄于 1880 年。

第 146 页　日本一位老师与使用算盘的学生。摄于 20 世纪初期。

第 150 页　小婴儿。照片。

第 151 页　学校里用的字母表，版画。20 世纪初。

第 153 页 《诗海》中的图。盖诺绘。

第 155 页　本书作者演出戏剧《1001 个数字与尘沙》。

图片授权

（页码为原版书页码）

© ADAGP, Paris, 1996 14-15, 62, 66-67h, 87, 91, 96, 102, 104, 118, 119. Agence Vu, Paris Arnaud Legrai 64. AKG, Paris 117. Dieter Appelt, Berlin 19. Archives Gallimard couv. ler plat. 28, 40-41, 139, 140, 146. Artephot, Paris Oronoz 25/Fabbri 27. Barbe, Paris 121. Alain Bedos 167. Bibl. municipale, Toulouse 76-77. Bibl. nat. de France, Paris 17, 18, 37, 52-53, 72, 83, 84h, 89, 129. B.P.K., Berlin 22-23. Bodleian Library, Oxford 38, 50b. British Library, Londres 54-55. British museum, Londres 54, 82m & b. Bulloz, Paris 125. Charmet, Paris 102, 105, 116.Miguel Chevalier, Paris 58-59, 109, 122. Collection particulière, Paris 92. Columbia university, New York 46, 47. © Cordon Art, 1996, Baarn 114-115. Cosmos, Paris S.P.L./prof. P. Goddard 77. Dagli Orti, Paris couv. dos, 12, 30-31, 34-35, 43, 92-93, 112-113. D.R. 13, 31, 36, 42-43, 49, 50m, 50-51, 51, 56m,66-67b, 70-71, 80m,81, 87, 108m, 101, 103, 111, 113, 120, 126, 127, 144, 153, 158. Flammarion-Giraudon, Vanves 58h, 135. Fotogram-Stone Images, Paris 115. Alex Funke 1-9. Rimma Gerlovina et Valeriy Gerlovin 48-49. Galerie Got, Paris 107, 128. Giraudon, Vanves 64-65. Hermann, Paris 78. Hessische Landesbibliothek, Darmstadt, 52. INRP musée national de, l'Education, Rouen. 60, 61, 62-63, 63, 147, 163. Jacana, Paris 23. Kunsthistorishes museum, Vienne 44, 45. Kunstmuseum Bäle.66-67h. Lauros-Giraudon, Vanves 62, 76. Lotos Film Thiem, Kaufbeuren 24. Métis, Paris Pascal Dolémieux 70. Metropolitan museum, New York. 65. Roland & Sabrina Michaud, Paris couv. 2e plat, 80b, 110-111. MNAM, Paris 14-15, 107, 124. Pace-Wildenstein 99b. Pedicini, Naples 84b. Rapho, Paris Roland Michaud 26-27/ Paolo Koch 56b. Rashed, Paris 73, 88. RMN Paris 16, 28-29, 32, 33, 57. Roger Viollet, Paris 99h, 100-101, 132, 134, 148. Scala, Florence 108b. Alain Schall, Paris 10. © Sevenarts Ltd, Londres. 68, 69, 106. Siné, Paris 123. Roland Topor, Paris 74-75.

原版出版信息

DÉCOUVERTES GALLIMARD

COLLECTION CONÇUE PAR Pierre Marchand.
DIRECTION Elisabeth de Farcy.
COORDINATION ÉDITORIALE Anne Lemaire.
GRAPHISME Alain Gouessant.
COORDINATION ICONOGRAPHIQUE Isabelle de Latour.
SUIVI DE PRODUCITON Perrine Auclair.
SUIVI DE PARTENARIAT Madeleine Giai-Levra.
RESPONSABLE COMMUNICATION ET PRESSE Valérie Tolstoï.
PRESSE David Ducreux.

L'EMPIRE DES NOMBRES

ÉDITION Anne Lemaire.
ICONOGRAPHIF. Maude Fisher-Osostowicz.
MAQUETTE Vincent Lever.
LECTURE-CORRECTION Pierre Granetet François Boisivon.
PHOTOGRAVURE Lithonova（Corpus）, Arc-en-Ciel（Témoignages et Documents）.

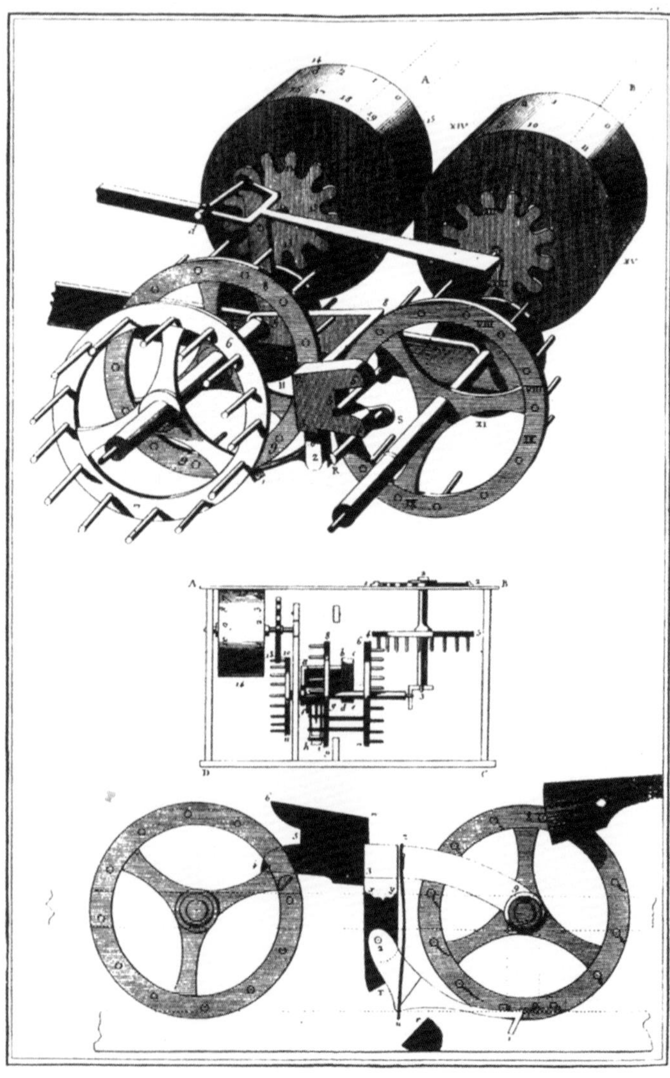

OPVS D. DE FERMAT

Datis quatuor punctis Spheram inuenire, quæ per data transeat

PROBLEMA PRIMVM.

Dentur quatuor puncta N.O.M. per quæ Sphæra describenda est sumptis ad libitum tribus in prima figura N.O.M. circa triang. N.O.M. quod in uno esse plano constat ex Elementis describatur circulus NA.OM quem et magnitudine et positione dari perspicuum est. esse autem circulum N.A.O.M. in superficie inueniendæ sphæræ patet ex eo quod si sphæram planus secetur sectionem dat circulum, at per tria puncta N.O.M. unius tantum circulus describi potest, quem jam construximus: cum igitur tria puncta N.O.M. sint in superficie sphæræ quæsitæ; ergo planum trianguli N.O.M. sphæram quæsitam secat, secundum circulum N.A.O.M. quem ideo in superficie sphæræ esse concludimus. sit ipsius centrum C. a quo ad planum circuli, excitetur perpendicularis C.E.B. patet in recta C.B. esse centrum sphæræ quæsitæ a puncto F in rectam CB. demittatur perpendicularis FB. quam ex positione,

图书在版编目（CIP）数据

数的王国：世界共通的语言 /（法）德尼·盖之（Denis Guedj）著；雷淑芬译．— 北京：北京出版社，2024.5

ISBN 978-7-200-16115-1

Ⅰ．①数… Ⅱ．①德… ②雷… Ⅲ．①数字—普及读物 Ⅳ．① N032-49

中国版本图书馆 CIP 数据核字（2021）第 008934 号

策 划 人：王忠波　向　雳　　责任编辑：王忠波　张锦志
责任营销：猫　娘　　责任印制：陈冬梅
装帧设计：吉　辰

数的王国
世界共通的语言
SHU DE WANG GUO
［法］德尼·盖之　著　雷淑芬　译

出　　版：北京出版集团
　　　　　北 京 出 版 社
地　　址：北京北三环中路 6 号　　邮编：100120
总 发 行：北京伦洋图书出版有限公司
印　　刷：北京华联印刷有限公司
经　　销：新华书店
开　　本：880 毫米 ×1230 毫米　1/32
印　　张：5.75
字　　数：120 千字
版　　次：2024 年 5 月第 1 版
印　　次：2024 年 5 月第 1 次印刷
书　　号：ISBN 978-7-200-16115-1
定　　价：68.00 元

如有印装质量问题，由本社负责调换
质量监督电话：010-58572393

著作权合同登记号：图字 01-2023-4218